DIE PHASENKOMPENSATION IN DREHSTROMANLAGEN

EIN HILFSBUCH FÜR PRAKTISCHE LEISTUNGSFAKTOR-VERBESSERUNG

VON

INGENIEUR H. RENGERT

BERLIN

MIT 98 ABBILDUNGEN

MÜNCHEN UND BERLIN 1931
VERLAG VON R. OLDENBOURG

Druck von R. Oldenbourg, München und Berlin

VORWORT.

Das vorliegende kleine Werk, welches als ein erweiterter Zeitschriftenartikel zu betrachten ist, behandelt im Zusammenhang das Problem der Phasenverschiebung in Drehstromanlagen. Es zeigt insbesondere ihre Entstehung, ihre Auswirkung auf Stromerzeuger und Verbraucher sowie die zur Verfügung stehenden Mittel zur Phasenkompensation unter besonderer Berücksichtigung der durch die Leistungsfaktorverbesserung erzielten wirtschaftlichen und technischen Vorteile.

Das Büchlein wendet sich in erster Linie an Betriebsingenieure, Techniker, Meister und sonstige Praktiker, welche gezwungen sind, sich mit der cos φ-Frage zu beschäftigen, ohne daß sie Gelegenheit hätten, die einschlägige Literatur — welche sich nur zerstreut in Zeitschriften und Firmenveröffentlichungen findet —, zu studieren. Meistens behandeln diese Arbeiten nur einen bestimmten Abschnitt des ganzen Gebietes und dann auch oft in einer — für den Praktiker — viel zu wissenschaftlichen Weise. — Die vorliegende Schrift versucht nun, hierin Abhilfe zu schaffen, indem sie in kurzen Zügen alles das beschreibt, was zur wirtschaftlichen Leistungsfaktorverbesserung erforderlich und zu wissen nötig ist, ohne sich jedoch in tiefwissenschaftlichen Betrachtungen zu verlieren. Indessen mußte die Kenntnis der einfachsten elektrotechnischen und mathematischen Grundlagen vorausgesetzt werden. — An Hand von ausführlichen Rechenbeispielen — welche der Praxis entnommen sind —, und durch mehrere eingefügte Leistungsdiagramme ist es dem Projekteur sowohl wie dem Betriebsmanne ermöglicht, in wenigen Augenblicken die zur Kompensierung einer Anlage erforderliche Blindleistung zu ermitteln. Das reichlich eingefügte Bildmaterial gibt besonders dem praktischen Elektrotechniker und Monteur gute Richtlinien über Schaltung, Anschlußart und Montage der Phasenkompensationseinrichtungen. Auch dem Studierenden gibt das Buch ein gutes Mittel in die Hand, die in den einzelnen Vorträgen gesammelten Anregungen zu vertiefen und in praktisch verwertbare Formen zu bringen.

Die Arbeit erhebt keinen Anspruch auf Vollständigkeit in bezug auf Erfassung aller zur Leistungsfaktorverbesserung zur Verfügung stehenden Einrichtungen. Sie nennt vielmehr nur die bekanntesten Maschinen und Apparate, welche Eingang in die Praxis gefunden haben und welche entsprechend der bisherigen Entwicklung — aller Voraussicht nach — die größte Bedeutung als Phasenkompensationsmittel erlangen werden. Wer jedoch das Bedürfnis hat, sich über diese oder jene Frage noch genauer zu unterrichten, sei auf das diesem Heftchen beigefügte Literaturverzeichnis verwiesen.

Allen Firmen, welche mir durch freundliche Überlassung von Bild- und Schriftmaterial bei meiner Arbeit geholfen haben, sage ich an dieser Stelle meinen besten Dank.

Berlin, im Mai 1930.

H. RENGERT

INHALTSVERZEICHNIS.

A. Einleitung.

Mehr denn je wird jetzt in Zeiten wirtschaftlicher Depression das Augenmerk aller elektrotechnisch interessierten Kreise auf wirtschaftlichste Ausnutzung ihrer Unternehmungen gelenkt. Rationalisierung ist das Gebot der Stunde. Sie muß einsetzen bei der den Betrieb erhaltenden Energie und den dazu erforderlichen Einrichtungen. Wohlfeilheit der ersteren und technisch höchster Stand der letzteren bei möglichst geringer Kapitalinvestierung ist das angestrebte Ziel. Die Entwicklung der Technik hat es nun mit sich gebracht, daß heute in der überwiegenden Zahl der Fälle die elektrische Kraftversorgung durch „Wechselstrom“ erfolgt. Dieser bietet gegenüber Gleichstrom in der Erzeugung und Übertragung sowie im Bau und Betriebe der Verbraucherapparate unschätzbare Vorteile. Leider ist er auch mit Nachteilen behaftet, welche jedoch im allgemeinen nur den Spezialisten auf diesem Gebiete bekannt sind. — Die stets wachsende Anwendung der Elektrizität und das durch die wirtschaftliche Lage bedingte Streben nach rationellster Ausnutzung aller Energiewerte zwingen nun dazu, auch den Unvollkommenheiten des Wechselstromes erhöhte Aufmerksamkeit zu schenken. Hierzu gehört in erster Linie die Erscheinung der „Phasenverschiebung“, welche sich in jeder Hinsicht ungünstig auswirkt, also bekämpft werden muß. — Leider ist nun die Erkenntnis von dem außerordentlich großen Wert der Maßnahmen zur Verminderung der Phasenverschiebung in technischer sowohl als auch in wirtschaftlicher Beziehung noch nicht in alle Kreise der Stromverbraucher eingedrungen. Es erscheint deshalb von Wichtigkeit, dieses Problem eingehend zu behandeln.

B. Was ist „Phasenverschiebung“?

Jeder von einer elektrischen Maschine erzeugte Strom ist von Natur aus ein Wechselstrom, auch wenn er an den Klemmen des Generators vermittels des Kommutators als

Gleichstrom abgenommen wird. Wechselstrom, d. h. der erzeugte Strom wechselt dauernd seine Richtung, je nachdem sich die ihn erzeugende Spule des Ankers an einem Nord- oder Südpol des Generators vorbeibewegt; er wogt also dauernd zwischen einem positiven und negativen Höchstwert auf und ab (Abb. 1).

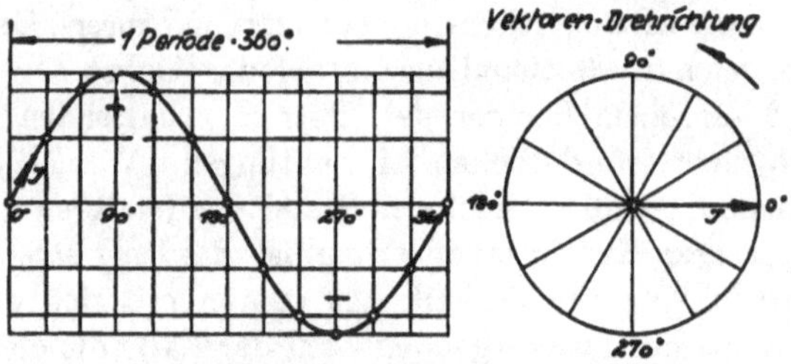

Abb. 1. Schematische Darstellung eines Wechselstromes.

Werden nun statt einer zwei vollkommen gleiche Spulen in einem zweipoligen Magnetfeld bewegt, welche jedoch durch eine zueinander versetzte Lage nicht gleichzeitig, sondern nacheinander ihr Maximum erreichen, so werden zwei Wechselströme erzeugt, die zwar genau gleich stark, in der Phase aber gegeneinander verschoben sind, — sie weisen also zueinander eine „Phasenverschiebung" auf (Abb. 2).

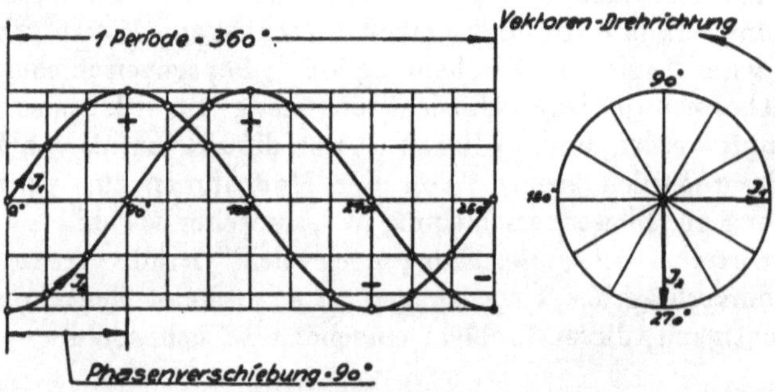

Abb. 2. Darstellung zweier in Phase gegeneinander verschobener Wechselströme.

Dieselben Bedingungen wie für einen Wechselstrom gelten auch für die Spannung, unter welcher ersterer in einer Spule entsteht, d. h. sie pulsiert dauernd zwischen einem positiven und negativen Maximum hin und her.

Ist nun die Belastung eines Stromerzeugers induktionsfrei, wie z. B. bei Glühlampen, so haben Strom und Spannung denselben Zustand, d. h. sie erreichen gleichzeitig ihre Höchst- und Nullwerte, sind also in Phase (Abb. 3).

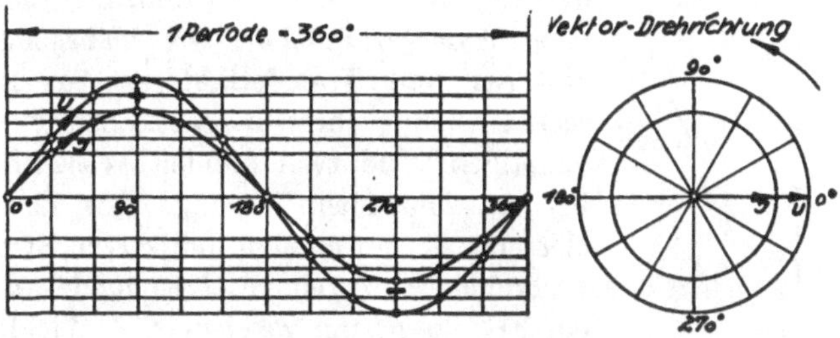

Abb. 3. In Phase verlaufende Strom- und Spannungswelle.

Praktisch gibt es jedoch sehr selten eine ausschließlich induktionsfreie Belastung, vielmehr ist diese durch den Anschluß von Motoren, Transformatoren, Schweißapparaten, Elektroöfen und anderen Apparaten stets induktiv. In diesem Falle tritt zwischen Strom und Spannung eine „Phasenverschiebung" ein, derart, daß der Strom der Spannung nacheilt, also stets etwas später sein Maximum und Nullwert erreicht als die Spannung (Abb. 4).

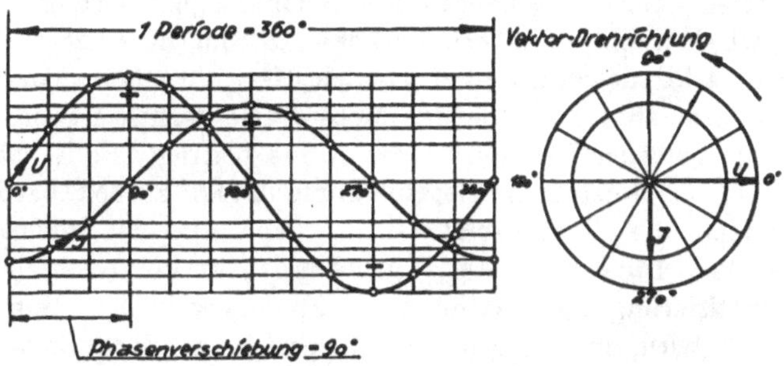

Abb. 4. Nacheilender Verlauf des Stromes zur Spannung bei „induktiver" Last.

Es ist nun üblich, Spannung und Strom durch gerichtete Längengrößen — also durch Pfeile (Vektoren!) — darzustellen, deren Länge in einem festgelegten Maßstab die Größe der Spannung in Volt bzw. des Stromes in Ampere angibt.

Die „Phasenverschiebung“ wird hierbei durch den Winkel der beiden Pfeile gegeneinander ausgedrückt, den man allgemein mit „φ“ bezeichnet (Abb. 5).

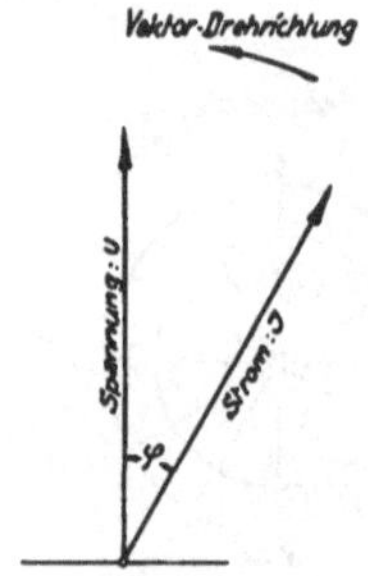

Abb. 5. Nacheilende Phasenverschiebung des Stromes zur Spannung im Vektorendiagramm.

Die Phasenverschiebung entsteht durch den sog. Magnetisierungsstrom, den induktive Stromverbraucher, wie insbesondere Motoren und Transformatoren zur Aufrechterhaltung ihres magnetischen Feldes benötigen. Und zwar handelt es sich hierbei um folgenden Vorgang: Das Grundelement fast eines jeden induktiven Stromverbrauchers ist ein Elektromagnet, d. h. ein Eisenkern, um welchen eine Wicklung gelegt ist, die von einem Strom durchflossen wird. Da nun dieser in der Sekunde im allgemeinen ca. 100 mal seine Richtung wechselt, muß er auch in jedem Augenblick Magnetismus neubilden und wieder abbauen. Man nennt ihn deshalb „Magnetisierungsstrom“.

C. Schein-, Wirk- und Blindstrom sowie analoge Leistungen.

Den soeben kennengelernten, zur Magnetisierung einer elektrischen Maschine erforderlichen Strom bezeichnet man auch als Blindstrom, weil er aus dem Netz entnommen werden muß, also zum Betriebe des Motors erforderlich ist, jedoch zur abgegebenen Leistung direkt nichts beiträgt. Er ist wattlos und bleibt gegen die Netzspannung um 90^0 zurück, bewirkt demnach die Phasenverschiebung (Abb. 4). Es entspricht dies dem Induktionsgesetz, nach welchem bei wechselnder Magnetisierung das Maximum der Spannung in dem Moment erzeugt wird, in welchem die Magnetisierung ihre Richtung ändert, also den Nullwert erreicht.

Die Nacheilung des in einer Leitung fließenden Stromes gegenüber der Spannung ist um so stärker, je größer der Blind- oder Magnetisierungsstrom im Verhältnis zur abgegebenen Leistung ist. Dies ist besonders der Fall bei leerlaufenden oder gering belasteten Motoren oder Transformatoren, da sich der

Magnetisierungsstrom bei ersteren von Leerlauf bis Vollast auf nur etwa den doppelten Wert erhöht und bei letzteren von Leerlauf bis Vollast praktisch konstant bleibt.

Nun ist auch der umgekehrte Fall möglich, daß nämlich der Strom der Spannung nicht nacheilt, sondern „voraneilt" (Abb. 6). Dieser Fall tritt ein, wenn ein Stromkreis nur oder

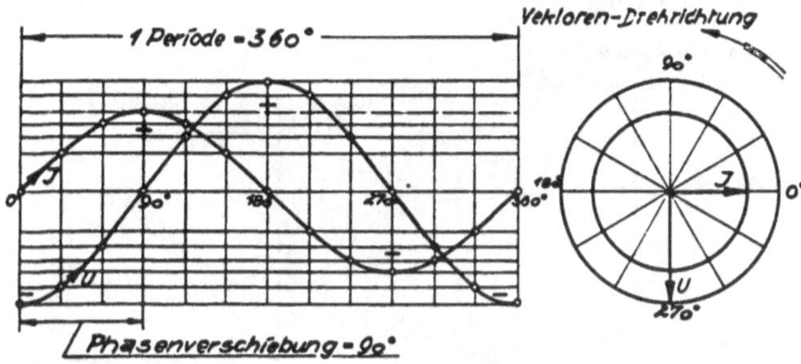

Abb. 6. Schematischer Verlauf der Strom- und Spannungswelle bei kapazitiver Last.

überwiegend kapazitiv belastet ist. Eine solche Belastungsart wird gebildet durch lange Kabelleitungen, welche als Kondensator wirken, durch Synchronmotoren, kompensierte Drehstrommotoren und durch Umformer. Die größtmögliche voreilende Verschiebung des Stromes beträgt 90°, und zwar tritt dieser Zustand ein, wenn ein Stromkreis widerstandsfrei ist, also nur mit einer Kapazität behaftet ist. — Die voreilende Phasenverschiebung wirkt ausgleichend auf die durch induktive Last hervorgerufene nacheilende Verschiebung, so daß es also künstlich ermöglicht werden kann, die nachteiligen Folgen der letzteren Erscheinung aufzuheben, d. h. es kann erreicht werden, die Phasenverschiebung auszugleichen, also den Strom mit der Spannung in Phase zu bringen.

Abb. 7 veranschaulicht das Gesagte. Bewirkt also eine induktive Last die nacheilende Verschiebung „φ_1", eine kapazitive Last genau die gleiche Verschiebung „φ_2" voreilend, so heben sich beide auf, und der Strom „J" ist mit der Spannung „U" in Phase.

Zwischen dem die Phasenverschiebung bewirkenden Blindstrom und dem einem Netz entnommenen Gesamtstrom bestehen nun folgende Beziehungen: Der in einer Leitung fließende und von einem Amperemeter gemessene Strom („Scheinstrom“ genannt) leistet infolge der Phasenverschiebung nicht mit vollem Wert nutzbare Arbeit, sondern nur mit dem Teil, welchen man als „in Phase“ mit der Spannung fließend denkt. (Abb. 8) Diesen Betrag vom Gesamt- oder Scheinstrom bezeichnet man mit „Wirkstrom“, das Produkt aus ihm und der Spannung mit „Wirkleistung“.

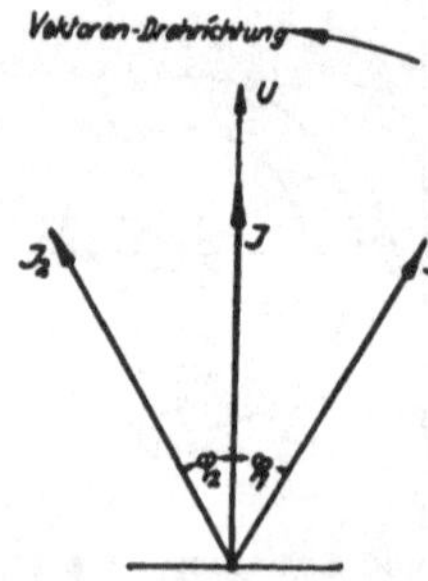

Abb. 7. Ausgleich der nacheilenden Phasenverschiebung durch Zuschalten einer Kapazität.

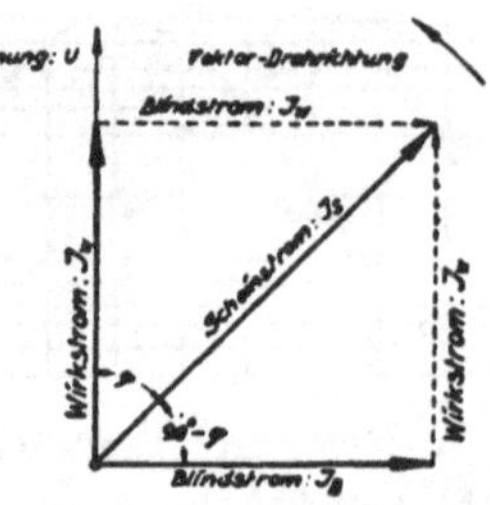

Abb. 8. Diagramm des Scheinstromes; Zerlegung in Wirk- und Blindstromkomponente.

Der restliche Teil des Gesamtstromes ist nun der Magnetisierungs- oder Blindstrom, der — wie schon erwähnt — der Spannung stets um 90° nacheilt. Das Produkt aus Blindstrom und Spannung ist die Blindleistung und wird ausgedrückt in Blindkilowatt (BkW).

Beide Ströme: Wirk- und Blindstrom zusammen ergeben also den Scheinstrom. Das Produkt aus Scheinstrom und Spannung ist demnach die Scheinleistung, die ausgedrückt wird in Kilo-Volt-Ampere (kVA). Hierfür müssen alle Generatoren und Transformatoren dimensioniert sein.

In geometrischer Darstellung entsprechen diese Zusammenhänge einem rechtwinkligen Dreieck (Abb. 8) mit den beiden Katheten: Wirk- und Blindstrom und der Hypothenuse Gesamt- oder Scheinstrom. Daraus ergibt sich:

Scheinstrom: = Wirkstrom: $\widehat{+}$ Blindstrom: d. h.

$$(J_S)^2 = (J_W)^2 + (J_B)^2,$$

oder der Scheinstrom:

$$J = \sqrt{(J_W)^2 + (J_B)^2}.$$

Das für die Ströme Gesagte gilt auch für die analogen Leistungen. Die untereinander bestehenden Beziehungen können auch trigonometrisch ausgedrückt werden (Abb. 9).

Die Scheinleistung N_S zerlegt sich in die beiden Komponenten N_W und N_B. Letztere ist gegenüber der Wirkleistung um ¼ Quadranten, also 90°, nacheilend verschoben. Den Winkel zwischen Schein- und Wirkleistung bezeichnet man als Phasenverschiebungswinkel φ. Dementsprechend ergibt sich aus Abb. 8:

Scheinstrom $= J_S$
Wirkstrom $= J_S \cdot \cos\varphi$
Blindstrom $= J_S \cdot \sin\varphi$

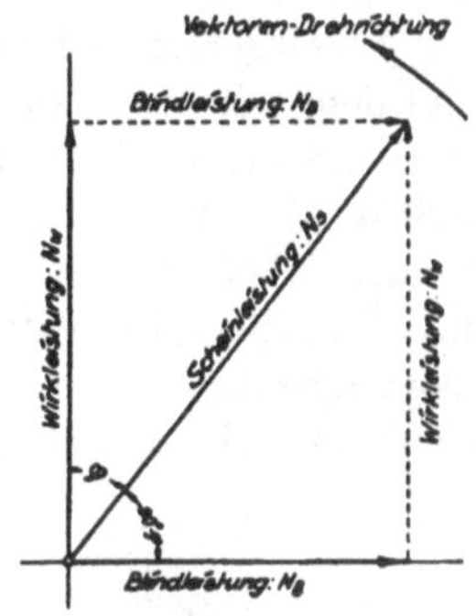

Abb. 9. Zusammensetzung der Scheinleistung aus Wirk- und Blindstromkomponente.

Bezeichnet man nun die Spannung in einem Drehstromnetz mit „U", den Gesamt- oder Scheinstrom, wie vor, mit „J_S" und berücksichtigt man den bei Drehstrom stets erforderlichen Faktor $\sqrt{3}$, so ist nach Abb. 9 die

Scheinleistung $= U \cdot J_S \cdot \sqrt{3}$ (in Kilo-Volt-Ampere = kVA).
Wirkleistung = Scheinleistung $\cdot \cos\varphi = U \cdot J_S \cdot \sqrt{3} \cdot \cos\varphi$ (in Kilowatt = kW).
Blindleistung = Scheinleistung $\cdot \sin\varphi = U \cdot J_S \cdot \sqrt{3} \cdot \sin\varphi$ (in Blindkilowatt = BkW).

Weiter ergeben sich noch die nachstehenden Beziehungen von Wirk- und Blindleistung zueinander:

$$\text{Blindleistung} = \text{Wirkleistung} \cdot \operatorname{tg}\varphi$$
$$\text{Wirkleistung} = \frac{\text{Blindleistung}}{\operatorname{tg}\varphi}$$

D. Leistungsfaktor: cos φ.

Von besonderer Wichtigkeit unter den genannten Beziehungen ist folgende:

$$\text{Wirkleistung} = U \cdot J_S \cdot \sqrt{3} \cdot \cos\varphi.$$

Sie stellt die Leistungsformel dar, nach welcher alle Motoren dimensioniert werden. Das Produkt drückt man aus in kW (Kilowatt). In dieser Formel bezeichnet man „cos φ" als Leistungsfaktor, d. h. der Cosinus des Winkels φ, um welchen der Scheinstrom und die Scheinleistung hinter der Spannung und dem mit dieser in Phase befindlichen Wirkstrom und der Wirkleistung zurückbleiben, wird als Maßstab für die Induktivität oder Blindstromverhältnisse eines Stromverbrauchers benutzt (Abb. 8 u. 9). Es ist deshalb üblich, daß jeder Motor oder sonstige Blindstrom aufnehmende Apparat auf dem Leistungsschild den cos φ bei Vollast vermerkt trägt, da mit dieser Angabe sofort auf Grund vorstehend genannter Be-

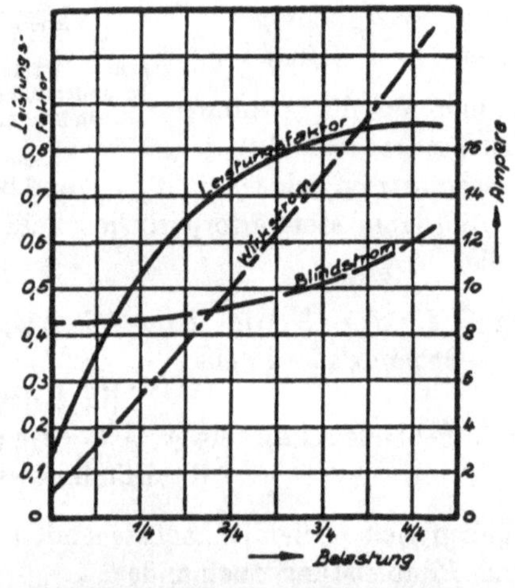

Abb. 10. Leistungsfaktor-Kennlinie sowie Wirk- und Blindstromaufnahme eines Drehstrommotors 21 PS (15,5 kW), 500 Volt, 50 Hertz, 950 U/min.

ziehungen aus den Ablesungen eines Wattmeters oder Kilowattstundenzählers alle anderen Daten und Betriebsverhältnisse ermittelt werden können.

Man spricht nun in der Praxis allgemein nicht von der in einem Drehstromnetz herrschenden Phasenverschiebung, sondern verwendet den Ausdruck „Leistungsfaktor" oder kurz nur „cos φ" hierfür und drückt eben damit das Verhältnis von Wirkleistung zu der tatsächlich aufgenommenen Scheinleistung aus.

Dieses Verhältnis wird — wie schon erwähnt —, um so ungünstiger, je geringer die Ausnutzung der Verbraucherapparate, z. B. Motoren, ist, d. h. je größer die aufgewendete Blindleistung im Verhältnis zu der von den Maschinen abgegebenen Leistung wird.

Es ist demnach der den Motor-Leistungsschildern aufgeschlagene Leistungsfaktor keine für alle Teilbelastungen konstant bleibende Größe, sondern er nimmt mit geringer werdender Belastung stark ab. Erfahrungsgemäß arbeiten die meisten Anlagen mit sehr schlecht ausgenutzten Motoren, so daß der mittlere Leistungsfaktor $\cos\varphi = 0{,}5 \div 0{,}65$ ist und demnach der Blindstrom den nutzbringenden Wirkstrom oft erheblich übersteigt. Abb. 10 zeigt z. B. den Leistungsfaktor sowie die Wirk- und Blindstromaufnahme eines Drehstrommotors bei ¼-, ½-, ¾- und Vollast.

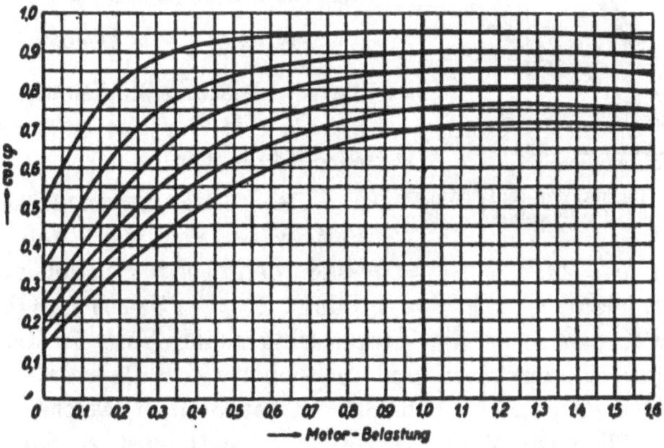

Abb. 11. Leistungsfaktor-Kennlinien in Abhängigkeit von der Motorbelastung.

Aus Abb. 11 ist der ungefähre Verlauf der Leistungsfaktor-Kennlinien bei verschiedenen Teilbelastungen für die bei Vollast auftretenden Werte von $\cos\varphi = 0{,}95$, 0,9, 0,85, 0,8, 0,75 und 0,7 zu ersehen.

Der Wert $\cos\varphi$ schwankt, entsprechend der Größe der Phasenverschiebung, zwischen 0 und 1, d. h. bei einem Verschiebungswinkel von 0^0 ist $\cos\varphi = 1$ und bei dem höchsten Wert von 90^0 ist $\cos\varphi = 0$. Hieraus geht hervor, daß mit zunehmender Phasenverschiebung der Wirkstrom kleiner und der Blindstrom größer wird, was durch Abb. 12 sehr klar veranschaulicht ist. — Einem Netz wird z. B. die Scheinleistung „N_{S1}" entnommen. Diese zerfällt in die beiden Komponenten Wirkleistung „N_{W1}" und Blindleistung „N_{B1}". Die herrschende Phasenverschiebung gibt der Winkel „φ_1" an. Durch ungünstigere Betriebsgestaltung, d. h. durch viele leerlaufende oder unausgenutzte Motoren tritt nun eine größere Phasenverschiebung ein, die jetzt ausgedrückt sei durch den Winkel „φ_2". Dieser ist gewachsen, demnach der Wirkstrom kleiner und der Blindstrom größer geworden, obgleich der Scheinstrom seinen Wert behalten hat. Hieraus resultiert, daß bei konstantem Gesamtstrom entsprechend der vorgenannten Formel für die Drehstromleistung

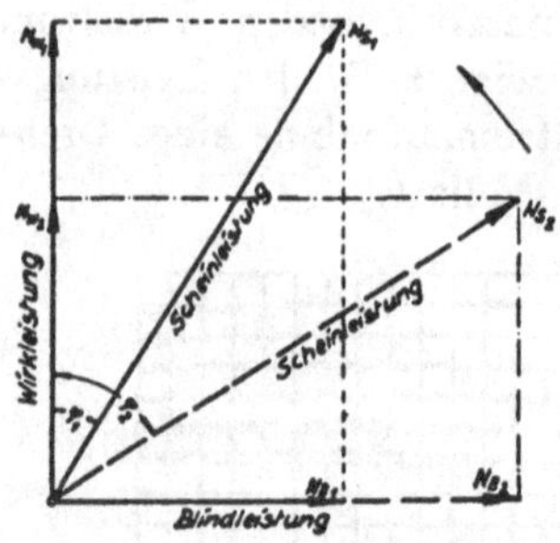

Abb. 12. Darstellung der Leistungsänderung bei wechselndem cos φ.

$$N = U \cdot J \cdot \sqrt{3} \cdot \cos\varphi$$

die Wirkleistung im gleichen Verhältnis wie der $\cos\varphi$ geringer wird (Abb. 12).

Der denkbar ungünstigste Fall wäre also der, daß der Winkel $\varphi = 90^0$, $\cos\varphi = 0$ und demnach: Scheinleistung = Blindleistung, d. h. das Produkt $U \cdot J \cdot \sqrt{3} \cdot \cos\varphi = 0$, da $\cos\varphi = 0$ und somit die Wirkleistung gleich Null. In diesem — praktisch denkbaren und möglichen — Falle würde also dem Netz ein gewisser Scheinstrom entnommen, welcher aber ausschließlich zur Magnetisierung verwandt wird, so daß mit ihm keine direkte Arbeit mehr geleistet werden kann. Ein in diesen Stromkreis eingeschaltetes Amperemeter würde den vollen Scheinstrom anzeigen, ein Voltmeter die volle Netzspannung messen; das Produkt beider angezeigter Werte gibt also keinen Anhalt dafür, welche tatsächliche Wirkleistung ein induktiver Verbraucher, wie z. B. ein Asynchronmotor, aufnimmt. Demzufolge läßt sich auch nicht seine abgegebene mechanische Leistung errechnen, wenn auch sonst alle seine

Daten bekannt sind. Das Produkt aus Volt × Ampere × $\sqrt{3}$ ist nämlich die Scheinleistung, die sich aber bekanntlich aus Blind- und Wirkleistung zusammensetzt. — Will man also die wahren Leistungsverhältnisse in einem Netz oder eines Verbrauchers ermitteln, so muß die Messung mit einem Wattmeter ausgeführt werden; nur hiermit ist die Wirkleistung meßbar.

E. Bestimmung des Leistungsfaktors.

Soll der Leistungsfaktor einer Anlage festgestellt werden, so genügt hierfür die Messung der Scheinleistung mittels Volt- und Amperemeter und die Ermittlung der Wirkleistung, d. h. die in Nutzarbeit umgesetzte Leistung; daraus ergibt sich dann entsprechend der früher genannten Beziehungen:

$$\text{Scheinleistung} = U \cdot J \cdot \sqrt{3}\,;$$

$$\text{Wirkleistung} = \text{Scheinleistung} \cdot \cos\varphi = U \cdot J \cdot \sqrt{3} \cdot \cos\varphi;$$

also:

$$\cos\varphi = \frac{\text{Wirkleistung}}{\text{Scheinleistung}} = \frac{U \cdot J \cdot \sqrt{3} \cdot \cos\varphi}{U \cdot J \cdot \sqrt{3}}.$$

F. Unterschied zwischen Wirkungsgrad und Leistungsfaktor.

Der Vollständigkeit halber seien hier noch einige Bemerkungen eingeschaltet, welche die Verwechslung von Wirkungsgrad und Leistungsfaktor durch Unkundige vermeiden sollen.

Der Wirkungsgrad ist ein Maßstab für die in einer Maschine entstehenden Leistungsverluste. Hat z. B. ein Motor einen Wirkungsgrad von $\eta = 0{,}9$, so heißt das, daß von der aufgenommenen elektrischen Leistung nur noch 90% mechanische Leistung an der Welle des Motors abgenommen werden können. Der restliche Betrag von 10% setzt sich im Motor in Wärme um und wird zur Überwindung von Luft- und Lagerreibungswiderständen verbraucht. Der Wirkungsgrad gibt also das Verhältnis der abgegebenen zur aufgenommenen Leistung an.

Demgegenüber steht der Leistungsfaktor, welcher das Verhältnis des Wirk- oder Arbeitsstromes zum Schein- oder Gesamtstrom darstellt, was in den vorigen Kapiteln eingehend erläutert wurde.

G. Bezeichnung der Blindleistung in kVA oder BkW?

Es ist grundsätzlich falsch, die Blindleistung in kVA, d. h. Kilo-Volt-Ampere anzugeben, was einleuchtet, betrachtet man Abb. 9 und bedenkt man ferner, daß die Wirkleistung eigentlich mit WkW = Wirkkilowatt bezeichnet werden müßte. Man läßt das „W“ am Anfang aus Bequemlichkeit und sprachlichen Gründen fast stets weg, meint aber mit „kW“ in jedem Falle „Wirkkilowatt“. Da nun die Blindleistung entsprechend Abb. 9 die zweite Komponente der Scheinleistung darstellt, kann logischerweise die Benennung auch nur in „kW“ = Kilowatt erfolgen, welchem Ausdruck jedoch unbedingt das „B“ vorgesetzt werden muß, um eine Verwechslung mit der Wirkleistung zu vermeiden.

Die Bennenung der Blindleistung in kVA ist falsch und führt zur Verwechslung mit der Scheinleistung. Letztere ist das Produkt von Spannung und Strom = $U \cdot J$, wird also richtig mit Volt-Ampere = VA bezeichnet. In Wirk- und Blindleistung ist aber noch der Faktor cos bzw. sin φ enthalten, also ist hierfür einzig und allein die Maßbezeichnung Watt bzw. kW und BkW richtig. Zusammengefaßt ergibt sich:

Scheinleistung: $N_S = U \cdot J \cdot \sqrt{3}$ in kVA (Kilovoltampere),
Wirkleistung: $N_W = U \cdot J \cdot \sqrt{3} \cdot \cos\varphi$ in kW (Kilowatt),
Blindleistung: $N_B = U \cdot J \cdot \sqrt{3} \cdot \sin\varphi$ in BkW (Blindkilowatt).

Es liegt natürlich nahe, diesen Ausführungen folgendes entgegenzuhalten: „Die Leistung von Transformatoren und Generatoren wird in kVA angegeben — was richtig ist, denn sie geben „Volt-Ampere“ ab —, also muß auch die Leistung von Blindleistungs-Generatoren in kVA genannt werden.“ — Dies ist jedoch ein Irrtum. Normale Drehstrom-Generatoren geben „Scheinleistung“ ab, in welcher Wirk- und Blindleistung enthalten sind. Als Phasenschieber arbeitende Generatoren oder reine Blindleistungsmaschinen hingegen liefern nach Abb. 9 nur eine Komponente der Scheinleistung, nämlich: $N_s \cdot \sin \varphi =$ Blindleistung. Hierfür ist aber nach all dem Vorhergesagten nur die Bezeichnung „BkW" richtig.

Diese Auffassung hat auch die PTR (Physikalisch-Technische Reichsanstalt) in ihren Bestimmungen zum Ausdruck gebracht, indem sie als einwandfreie Bezeichnung der Blindleistung nur „Blind-Kilowatt = BkW" angibt.

H. Warum Verluste durch Phasenverschiebung?

Ist bisher nur das Wesen der Phasenverschiebung behandelt worden, so sollen im nachfolgenden ihre Auswirkungen auf Stromerzeuger und Verbraucher betrachtet werden. — Diese sind nun — ohne Ausnahme — schädlicher Natur. Ganz abgesehen von der Komplizierung, welche durch die Phasenverschiebung in die — an und für sich recht einfachen — Betriebsverhältnisse einer Drehstromanlage gebracht wird, wirkt sie sich auch in vielen anderen unangenehmen Erscheinungen aus, so daß die Elektrizitätswerke sowohl als auch die Stromverbraucher an einer Verminderung der Phasenverschiebung bzw. Verbesserung des Leistungsfaktors gleich stark interessiert sind.

Der Hauptgrund für dieses allgemeine Interesse ist die Tatsache, daß bei schlechtem Leistungsfaktor der Strom, welcher die Leitungen, Kontakte, Apparate und Maschinen durchfließt, nicht mehr der wirklich in den Verbrauchern benötigten Wirkleistung entspricht, welche z. B. bei Motoren unter Berücksichtigung des Wirkungsgrades als mechanische Leistung an der Riemenscheibe abgenommen werden kann, sondern bedeutend größer ist. Unter Umständen kann dieser Scheinstrom sehr hohe Werte annehmen und dadurch gefährlich für alle nicht stark genug dimensionierten Teile einer elektrischen Anlage werden. — Bei einem $\cos \varphi = 0{,}5$ z. B. ist der Scheinstrom schon doppelt so groß, wie der eigentlich zum Betrieb der Anlage benötigte Wirkstrom. Da nun alle Teile einer elektrischen Anlage für eine ganz bestimmte Stromstärke gebaut sind und infolgedessen nur höchstens mit dieser beansprucht werden können, bedingt ein Überschreiten der Grenze sofort steigende Stromwärmeverluste, die immer größer werden, je schlechter der Leistungsfaktor bzw. je größer die Phasenverschiebung wird. Denn wie aus Abb. 12 ersichtlich, sinkt die Wirkleistung im gleichen Verhältnis zum cos φ, d. h. soll ein Motor eine bestimmte Energie abgeben, so ist ihm hierfür ein ganz bestimmter Wirkstrom zuzuführen. Wird jetzt die Phasenverschiebung durch irgendeinen Umstand größer, so sinkt die Wirkleistung — bei gleichbleibender Scheinleistung —. Der Motor nimmt aber sofort mehr Gesamtstrom auf, um den erforderlichen Wirkstrom zur Verfügung zu haben. Da die Leitungen für den Gesamtstrom bemessen sein müssen, aber ihre ursprüngliche Stärke bei Verschlechterung des Leistungsfaktors nicht ändern können, werden sie mit dem ganzen Betrag des nach Vergrößerung der Phasenverschiebung aufgenommenen Gesamtstromes „überbelastet", der den Wert bei normalem cos φ übersteigt. Abb. 13 zeigt diese Abhängigkeit graphisch.

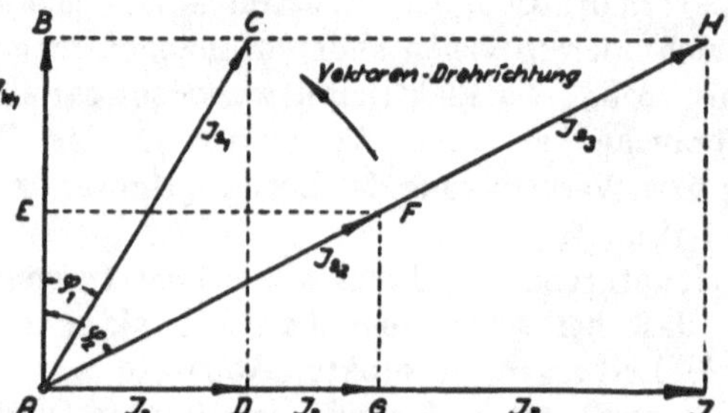

Abb. 13. Darstellung der Wechselbeziehungen zwischen Schein-, Wirk- und Blindstrom in Abhängigkeit vom Leistungsfaktor.

J_{W1} ist der auf alle Fälle erforderliche Wirkstrom, J_{S1} der normale Scheinstrom, für welchen die Leitungen bemessen sind; J_{B1} = der normale Blindstrom, φ_1 der anfängliche Phasenverschiebungswinkel. Verschlechtert sich der Leistungsfaktor auf cos φ_2, so würde der Wirkstrom sinken bis zum Punkte E, der Blindstrom steigen bis zum Punkt G, also den Wert J_{B2} annehmen. Da der Wert für J_{W1} aber gleich bleiben muß, soll der Motor die Last durchziehen, so wächst der Scheinstrom um den Betrag $F...H$, also zum Werte J_{S3} und der Blindstrom um den Betrag $G...J$ zum Gesamtstrom J_{s3} an. Dieser zusätzliche Scheinstrom ist es also, mit welchem die Leitungen überlastet werden und welcher die — mit dem Quadrate des Gesamtscheinstromes wachsenden — Stromwärmeverluste bedingt. Es leuchtet ein, daß diese Energieverluste sehr bedeutend sein können, wenn elektrische Energien auf sehr große Entfernungen übertragen werden müssen.

Für ein Kraftwerk bedeutet dieses Plus an Verlusten in den Wicklungen der Maschinen, überhaupt in den Leitungen einen entsprechend größeren Aufwand an Energie seitens der Stromerzeuger, oder anders ausgedrückt: Die Leistungsfähigkeit der Energieerzeugungsanlage sowie des Verteilungsnetzes wird herabgesetzt, die Übertragungsverluste steigen, und die Spannungsregulierung wird erschwert. Und zwar aus folgendem Grunde: Der die Phasenverschiebung bewirkende Blindstrom schwächt das Magnetfeld der Generatoren, dadurch sinkt die Spannung, folglich muß der Erregerstrom verstärkt werden, um die Spannung wieder auf ihre normale Höhe zu bringen. Dieser Vorgang ist aber wegen der nun größer werdenden Erwärmung der Erregerwicklung und ferner wegen der für die Erregung zur Verfügung stehenden — meist begrenzten — Leistung nur bis zu einem gewissen Grade möglich. — Weiter ist auch für die maximale Belastung der Generatoren nicht die Leistung in Kilowatt, sondern die Betriebsstromstärke in Ampere maßgebend, weil sie mit Rücksicht auf die Erwärmung der Wicklungen an eine obere Stromgrenze gebunden ist. Dabei ist es gleichgültig, bis zu welchem Betrage der durchfließende Strom wattloser Erregerstrom oder Arbeitsstrom ist. — Verursachen also die induktiven Stromverbraucher eine große Phasenverschiebung, so müssen die Generatoren viel Magnetisierungsstrom liefern, und es bleibt nur ein geringer Betrag zur Arbeitsleistung verfügbar.

Berücksichtigt man all das hier Gesagte, so leuchtet ohne weiteres ein, daß es für die Strompreisgestaltung von größter Wichtigkeit ist, mit welchem Wirkungsgrad ein Elektrizitätswerk arbeitet. Folgendes Zahlenbeispiel möge das noch näher erläutern:

B e i s p i e l: Bekanntlich sind die Energieerzeugungsmaschinen (Turbogeneratoren) in zeitgemäßen Kraftwerken für einen

Gesamtleistungsfaktor von $\cos \varphi = 0{,}8$ gebaut. Hat also z. B. ein Generator eine Scheinleistung von 5000 kVA, so beträgt seine Wirkleistung nur 4000 kW. Die Turbine muß demnach unter Berücksichtigung des Generatorwirkungsgrades eine mechanische Leistung von ca. 4500 kW abgeben.

Ist nun aber der Gesamtleistungsfaktor des Netzes anstatt $\cos \varphi = 0{,}8$ nur 0,5 — was erfahrungsgemäß ein sehr häufig vorkommender Wert ist —, so ergibt der Generator nur eine Wirkleistung von $5000 \cdot 0{,}5 = 2500$ kW ab, obgleich seine Gesamtscheinleistung von 5000 kVA voll beansprucht wird; die restlichen 2500 kVA sind eben die von den induktiven Stromverbrauchern aufgenommene Blindleistung. Hierfür wird nun von der Antriebsmaschine keine mechanische Leistung verlangt, so daß die Turbine nur mit etwa 2900 kW mechanischer Leistung beansprucht wird. Sie arbeitet also — weil nur zu ca. 60% ausgenutzt — mit entsprechend höherem Dampfverbrauch pro Kilowattstunde, der Generator hingegen mit wesentlich schlechterem Wirkungsgrad. Voll ausnutzbar sind Generatoren nur bei $\cos \varphi = 1$. Hätte in vorgenanntem Beispiel der Leistungsfaktor diesen Wert, so brauchte der Generator nur für 2500 „kVA" — in diesem Falle dann gleich 2500 „kW" — und die Turbine nur für ca. 2800 kW dimensioniert sein. Das heißt, die Anlagekosten und damit die Abschreibungsquote würden auf fast die Hälfte herabgesetzt.

Die Ausnutzbarkeit einer elektrischen Anlage, also der Generatoren, Transformatoren und insbesondere der Leitungen, ist demnach direkt abhängig von dem Wert des in der Anlage vorhandenen Leistungsfaktors. Jede Verbesserung des $\cos \varphi$ bzw. jede Verringerung der Phasenverschiebung bedeutet also eine Erhöhung des Wirkungsgrades der gesamten Anlage und damit eine wirtschaftlichere Ausnutzung des in ihr investierten Kapitals.

Aus allen diesen Erwägungen resultiert, daß bei Vorherrschen eines andauernd schlechten Leistungsfaktors die Rentabilität eines Stromerzeugungswerkes ungeheuer herabgemindert werden kann.

Da aber bei der dauernden Knappheit der Betriebsmittel und den gewaltigen Preisen für Neuanlagen darauf gesehen werden muß, daß alles Vorhandene soweit wie möglich ausgenutzt wird, was jedoch unmöglich ist, wenn die Anschlußanlagen mit einer zu hohen Phasenverschiebung arbeiten, ist es nur recht und billig, wenn die Elektrizitätswerke dazu übergehen, die Strompreise nach der Höhe des Leistungsfaktors abzustufen, d. h. sie sind einfach dazu gezwungen, dem Verbraucher, dessen Anlage mit einem niedrigen Leistungsfaktor arbeitet, einen höheren Strompreis in Anrechnung zu bringen. Praktisch geschieht die Berücksichtigung der Phasenverschiebung in den Stromtarifen in den meisten Fällen derart, daß außer dem normalen Wattstundenzähler, welcher den Wirkverbrauch registriert, noch ein Blindverbrauchszähler zur Messung der wattlosen Arbeit eingebaut und ein bestimmtes Verhältnis von Blindstrom und Wirkstrom für eine Anlage vorgeschrieben wird. Ergibt sich dann dieses Verhältnis günstiger als vertraglich festgelegt, so wird für jedes weniger verbrauchte Blindkilowatt eine bestimmte Summe vergütet; im umgekehrten Falle — also bei Unterschreitung des festgesetzten $\cos \varphi$ — wird außer dem Rechnungsbetrag noch ein besonderer Zuschuß (oft ein $^1/_{10}$ des Preises der Arbeitsgebühr) erhoben. Durch diese Maßnahmen werden die Verbraucher zur Verbesserung ihrer Einrichtungen angehalten, d. h. sie haben daran Interesse, durch möglichst gute Ausnutzung ihrer induktiven Verbraucherapparate die Phasenverschiebung ihrer Anlage klein zu halten, da ja ein schlechter Leistungsfaktor Verteuerung der bezogenen Energie und ein guter $\cos \varphi$ Verbilligung derselben bewirkt.

Werden nun die Nachteile der Phasenverschiebung noch einmal kurz zusammengefaßt, so ergibt sich:

a) für die Stromerzeuger:

Schlechte Ausnutzung der Generatoren, Transformatoren, Leitungen, Apparate und Verteilungsanlagen; Erschwerung der Spannungsregulierung; erhöhte Verluste durch Stromwärme; großer Spannungsabfall in den Generatoren, Transformatoren und Leitungen; ungünstige Stromtarife;

b) für den Stromverbraucher:

Hohe Strompreise; große Anlagekosten für Leitungen und Apparate; schlechte Ausnutzung der Motoren, Transformatoren und Leitungen; erhöhte Stromwärmeverluste; großer Spannungsabfall in den Leitungen und eine unangenehme Komplizierung der ganzen Betriebsverhältnisse.

J. Die Vorteile der Leistungsfaktorverbesserung.

Entsprechend den aufgeführten Nachteilen bei Vorherrschen eines schlechten Leistungsfaktors ergeben sich die Vorteile der Verbesserung desselben wie folgt:

a) Für eine neu zu errichtende Kraftanlage bestimmter Leistung bedeutet eine Verminderung der Phasenverschiebung eine Verringerung der Anlage- und Betriebskosten.

b) Für eine bestehende Zentrale mit schlechtem Leistungsfaktor bietet eine Verbesserung desselben ebenfalls bedeutsame Vorteile. Insbesondere ist dies dann der Fall, wenn die Zentrale bereits an der Grenze ihrer Leistungsfähigkeit angelangt ist. Mit verhältnismäßig billigen Mitteln läßt sich dann durch Verbesserung des Leistungsfaktors ohne Anschaffung neuer Maschinenaggregate die Leistungsabgabe der Zentrale steigern, ihr Stromerzeugungs- und Leitungsmaterial besser ausnutzen und somit der Wirkungsgrad der ganzen Anlage erhöhen.

c) Für den Stromverbraucher wirkt sich eine von vornherein vorgesehene Verbesserung des Leistungsfaktors bei Aufstellung neuer Motoren dahingehend aus, daß die Abmessungen und das Gewicht kleiner gehalten werden können und damit eine Herabsetzung des Anschaffungspreises der Maschinen ermöglicht wird.

Bei vorhandenen Motoren ist eine Kompensation der Phasenverschiebung besonders dann erforderlich, wenn die Maschinen an die Grenze ihrer Leistungsfähigkeit gelangt sind und ihre Kraftabgabe weiter gesteigert werden soll. Eine solche Leistungssteigerung ist bei Verwendung eines geeignetsn Phasenkompensators deshalb möglich, weil der Stator den zur Erregung erforderlichen Magnetisierungsstrom nicht mehr dem Netz zu entnehmen braucht und demzufolge einen entsprechend größeren Betrag an Arbeits- oder Wirkstrom aufnehmen kann, was aber eine Leistungssteigerung der Motoren bedeutet. Die dabei dann auftretende geringe Überlastung des Rotors ist erfahrungsgemäß ohne Nachteil, da dieser dank seiner besseren Ventilation eine höhere Belastung als der Stator verträgt.

Aus all dem Vorgesagten geht wohl bestens hervor, daß es von größter Wichtigkeit ist, der Erscheinung der Phasenverschiebung besondere Aufmerksamkeit zu widmen und geeignete Wege zur Beseitigung derselben zu finden.

K. Mittel zur Phasenkompensation.

Zur Verbesserung des Leistungsfaktors bzw. zur Verringerung der Phasenverschiebung stehen nun verschiedene Mittel zur Verfügung, welche nachfolgend einzeln betrachtet werden sollen. In jedem Falle kommt es darauf an, die zur Magnetisierung der Maschinen notwendigen, der Netzspannung um 90° nacheilenden Blindströme durch voreilende Blindströme auszugleichen oder zu „kompensieren". Man spricht daher stets von einer „Phasenkompensation" und meint eben damit die Maßnahmen, welche eine Verringerung der Phasenverschiebung zwischen Strom und Spannung bezwecken. Diese lassen sich in zwei Hauptklassen einteilen: Entweder können einzelne Motoren mit Einrichtungen zur Verbesserung des Leistungsfaktors versehen werden, oder es kann von einer einzigen Maschine der für sämtliche angeschlossenen induktiven Verbraucherapparate erforderliche Erregerstrom geliefert werden. Zur ersten Klasse gehören:

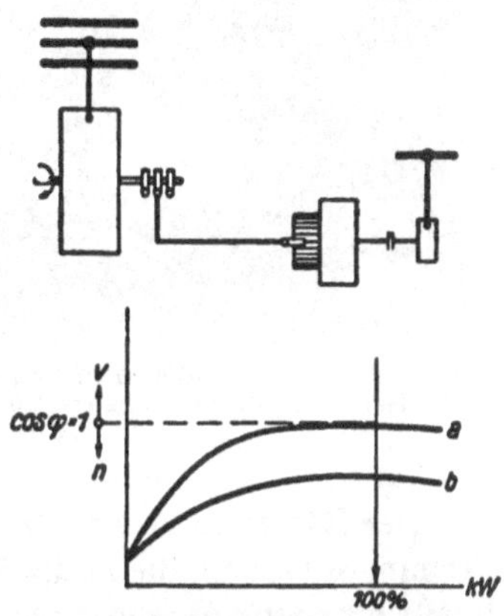

Abb. 14. Prinzip-Schaltungsschema einer „eigenerregten" Drehstrom-Erregermaschine sowie die Leistungsfaktor-Kennlinien eines Asynchronmotors:
„a" mit eigenerregter Erregermaschine,
„b" ohne Kompensation.

Drehstrom-Erregermaschinen sowie kompensierte oder synchronisierte Asynchronmotoren.

Zur zweiten Gattung zählen übererregte Synchronmotoren und asynchrone Blindleistungsmaschinen.

Beiden Klassen gemeinsam gehören die Starkstrom-Kondensatoren an.

1. Drehstrom-Erregermaschinen.

Diese zerfallen mit Hinsicht auf die Art ihrer Erregung in 4 Gruppen, und zwar unterscheidet man zwischen eigen-, fremd-, selbst- und nebenschlußerregten Maschinen.

a) Eigenerregte Erregermaschinen.

Hierzu gehören z. B. die Phasenkompensatoren der Brown, Boveri-A.-G. Es sind dies Kommutatormaschinen ohne Ständer, die mittels Motor oder Riemen angetrieben und an die Schleifringe der zu kompensierenden Motoren angeschlossen werden (Abb. 15, 16 u. 17).

Abb. 15. Phasenkompensator von 12 BkW für einen Motor von 600 PS, 50 Hertz, angetrieben mittels Kurzschlußmotors von 1 PS, 1000 U/min. (Brown-Boveri).

Der Läufer trägt eine an den Kommutator angeschlossene Trommelwicklung, die in die Nuten des Ankers eingebettet ist. Fließt nun den auf dem Kommutator schleifenden Bürsten der Läuferstrom des Drehstrommotors zu, so wirkt die Anordnung bei Stillstand als Drosselspule und erzeugt einen induktiven Spannungsabfall, der ein Nacheilen des Stromes herbeiführt. Läßt man nun den Anker mit derselben Schnelligkeit rotieren, welche der Geschwindigkeit des im Kompensator durch den zugeführten Strom entstehenden Drehfeldes entspricht, so nimmt der induktive Spannungsabfall und dementsprechend auch die Nacheilung ab, um schließlich bei Synchronismus, also bei völligem Übereinstimmen der Drehgeschwindigkeiten, den Wert Null zu erreichen.

Abb. 16. Phasenkompensator für einen 450/1200-PS-Walzwerksmotor (Brown-Boveri).

Bei Steigerung der Geschwindigkeit des Kompensators über die Geschwindigkeit des Drehfeldes hinaus, bekommt die Reaktanz — also der induktive Spannungsabfall — einen negativen Wert, d. h. der Kompensator wirkt wie eine in den Läufer des Drehstrommotors eingeschaltete Kapazität und hat dementsprechend eine Phasenvoreilung des Läuferstromes gegenüber der Läuferspannung des Drehstrommotors zur Folge.

Bei entsprechender Dimensionierung des Kompensators kann eine so starke Voreilung des Stromes bewirkt werden, daß der Drehstrommotor sogar Blindstrom an das Netz abgeben und somit den Bedarf anderer Induktionsmotore an Magnetisierungsstrom zum Teil decken kann.

Indessen ist hiervon abzuraten, da durch diese Maßnahme größere Verluste in dem überkompensierten Motor entstehen und die Drehzahl um mehr als den normalen Betrag von 0,25 bis 2% sinkt. — Wird jedoch der Drehstrommotor nicht auf

Abgabe von Blindstrom überkompensiert, so werden seine Verluste durch den Anschluß eines Kompensators verkleinert.

Die Bauart des Brown-Boveri-Phasenkompensators ist insofern eigenartig, als er keinen Stator besitzt. Damit trotzdem ein geschlossener Weg für die Kraftlinien vorhanden ist, trägt der Läufer einen über die Wicklungen geschobenen Eisenring. Daß ein Stator für den gewollten Zweck entbehrlich wird, geht aus folgender Überlegung hervor.

Abb. 17. Phasenkompensator für einen Motor 600 PS, 245 U/min (Brown-Boveri).

Der zur Erregung eines Induktionsmotors erforderliche Magnetisierungsstrom ist — wie bereits mehrmals erwähnt —, wattlos, d. h. seine Erzeugung erfordert keine Arbeit. Es braucht daher keine Energie auf den Rotor übertragen zu werden, d. h. ein Drehmoment ist nicht erforderlich, und ein Stator, der sonst zur Bildung des Drehmoments benötigt wird, erübrigt sich.

Der Antrieb der Phasenkompensatoren kann entweder durch einen kleinen Drehstrom-Kurzschlußankermotor, durch direkte Kupplung mit dem Hauptmotor oder bei zu geringer Tourenzahl mittels Riementrieb erfolgen. Die erforderliche Antriebsleistung ist sehr gering (ca. ½ bis 1 PS bei Motoren bis 1000 PS). da lediglich die Reibungsverluste zu decken sind.

Das Prinzip-Schaltungsschema eines mittels Phasenkompensators kompensierten Motors zeigt Abb. 18, eine komplette ausgeführte Anlage Abb. 20.

Der Hauptmotor liegt unter Zwischenschaltung der üblichen Apparate am Netz. Der Kompensator ist an die letzten Kontakte des Anlassers angeschlossen, so daß der Rotor des Drehstrommotors nach erfolgtem Anlassen auf den Kompensator umgeschaltet wird.

Verwendet können derartige Einrichtungen bei allen Induktionsmotoren werden, die Schleifringe für dauernde Bürstenauflage haben (Abb. 18).

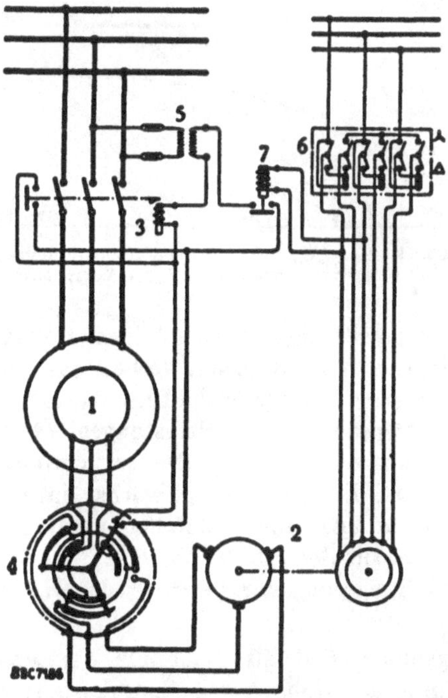

Abb. 18. Schaltungsschema eines Drehstrommotors mit Phasenkompensator.

Erklärung: 1. Hauptmotor, 2. Phasenkompensator mit Antriebsmotor, 3. Ständerschalter mit Spannungsrückgangsauslösung und Freilaufkupplung, 4. Anlasser mit Umschaltvorrichtung, 5. Spannungstransformator mit Sicherungen, 6. Sterndreieckschalter bzw. Anlaßschalter oder Motorschutzschalter, 7. Kontaktrelais.

Je größer der zu kompensierende Motor ist, desto größer sind die Vorteile der Kompensation. Für Induktionsmaschinen unter 50 kW Leistung ist die Anwendung von Phasenkompensatoren nicht zu empfehlen, da hier die Anschaffungskosten in keinem Verhältnis mehr zu dem erzielten Nutzen stehen. Wirtschaftlich gestaltet sich eine Leistungsfaktorverbesserung mittels Phasenkompensatoren erst für Motoren von ca. 150 kW an aufwärts. Hier geben sie die Möglichkeit, den cos φ des Motors im Bereich von 40 bis 100% der Last auf 1 zu bringen (Abb. 19).

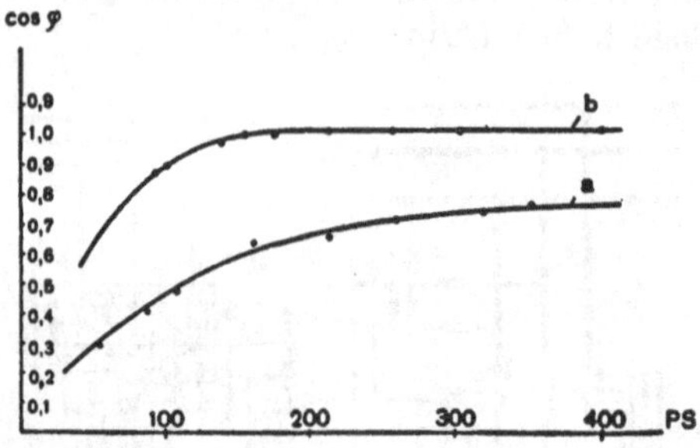

Abb. 19. Kennlinien eines 400-PS-Drehstrommotors. „a" ohne Kompensation, „b" mit Kompensator.

Zusammengefaßt ergeben sich folgende Vorteile bei Anschluß von Phasenkompensatoren: Verbesserung des Leistungsfaktors auf cos $\varphi = 1$; Konstanthaltung dieses Wertes für alle im Betriebe vorkommenden Belastungen ohne Nachregulierung; vollkommene Wahrung des asynchronen Charakters des Hauptmotors, d. h. der Schlupf wächst mit der Belastung, wodurch Pendeln und Außertrittfallen vermieden wird; Erhöhung des maximalen Drehmomentes; Herabsetzung der Verluste und Steigerung der Leistung des Hauptmotors um 10 bis 20%.

Demgegenüber sind als Nachteile der Phasenkompensatoren anzuführen: Hohe Anschaffungskosten; großer Platzbedarf bei direkter Kupplung; Anlagekosten bei Riementrieb; erforderliche Verstärkung des Bürstensatzes des Hauptmotors, da die Schleifringe dauernd den vollen Rotorstrom führen müssen; Vergrößerung des Schlupfes; Wartungs- und Unterhaltungskosten.

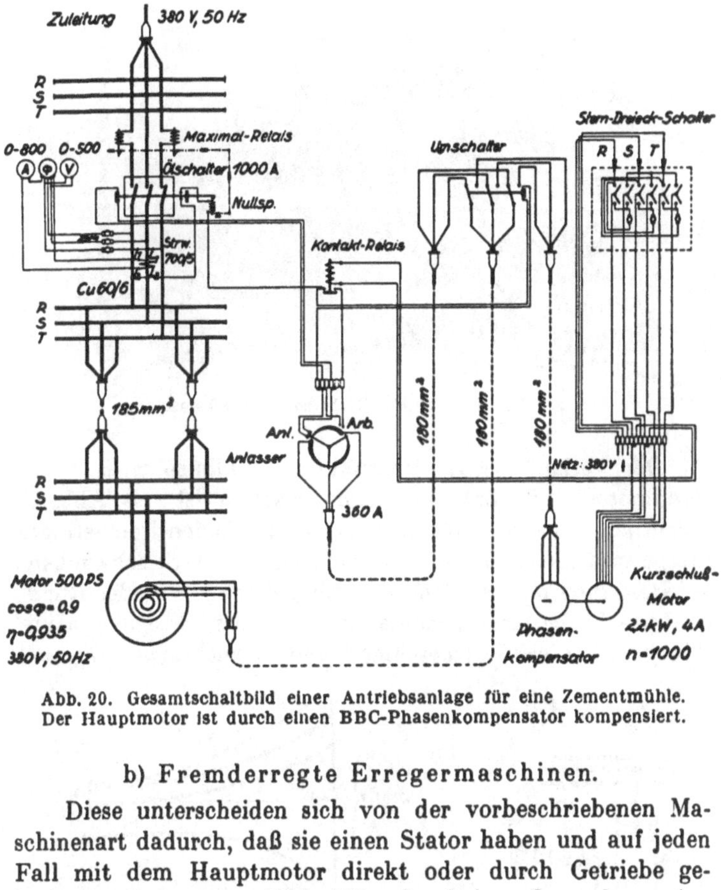

Abb. 20. Gesamtschaltbild einer Antriebsanlage für eine Zementmühle. Der Hauptmotor ist durch einen BBC-Phasenkompensator kompensiert.

b) Fremderregte Erregermaschinen.

Diese unterscheiden sich von der vorbeschriebenen Maschinenart dadurch, daß sie einen Stator haben und auf jeden Fall mit dem Hauptmotor direkt oder durch Getriebe gekuppelt sein müssen (Abb. 43), also keinen besonderen Antriebsmotor benötigen. Indessen ist für die Erregung aus dem Netz ein besonderer kleiner Erregertransformator erforderlich.

Mit dieser Maschinengattung ist eine Kompensierung des Hauptmotors in den Grenzen 0 bis 125% der Nennlast möglich. Die Einstellung des geforderten cos φ — dessen Wert beliebig sein kann —, geschieht mittels Stufenschalter im Erregerstromkreis. — Die äußere Gestaltung einer solchen von den Siemens-Schuckert-Werken gebauten Maschine zeigt Abb. 21, das Prinzipschaltungsschema Abb. 22.

Abb. 21. Fremderregte Drehstrom-Erregermaschine.

Der Verlauf der Leistungsfaktor-Kennlinien eines Asynchronmotors mit und ohne Kompensation ist aus Abb. 23 ersichtlich. — Zweckmäßige Verwendung finden fremderregte Erregermaschinen für Antriebsmotoren mit stark schwankender Belastung bis Leerlauf oder mit geforderter großer Blindleistungsabgabe, insbesondere aber für die Erregung asynchroner Blindleistungsmaschinen und Asynchrongeneratoren.

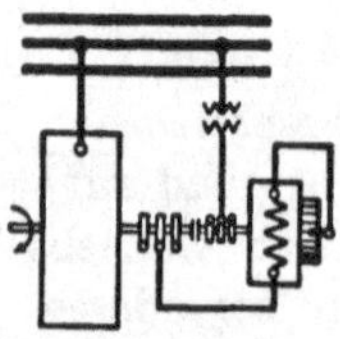

Abb. 22. Prinzip-Schaltungsschema einer „fremderregten" Drehstrom-Erregermaschine

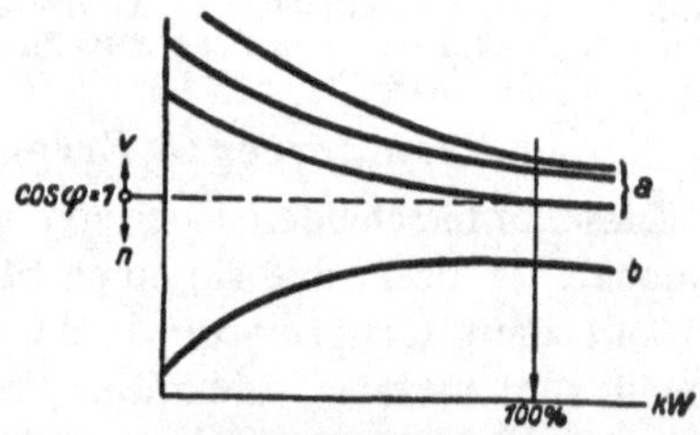

Abb. 23. Leistungsfaktor-Kennlinien eines Asynchronmotors.
„a" mit fremderregter Erregermaschine,
„b" ohne Kompensation.

c) Selbsterregte Erregermaschinen.

Sie stellen die neueste Art der Drehstrom-Erregermaschinen dar und haben als besonderes Kennzeichen eine im Ständer untergebrachte und vom Anker durch Induktion gespeiste

Erregerwicklung. Das Prinzipschaltungsschema solcher — dem Erfinder Kozisek und den Siemens-Schuckert-Werken geschützten — Maschinen zeigt Abb. 24, die äußere Gestaltung Abb. 26 u. 27.

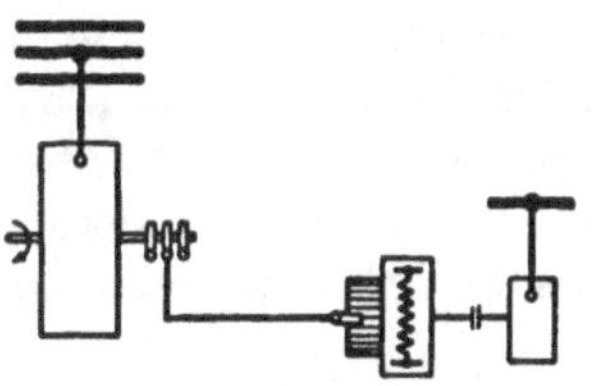

Abb. 24. Prinzipschaltbild einer „selbsterregten" Erregermaschine.

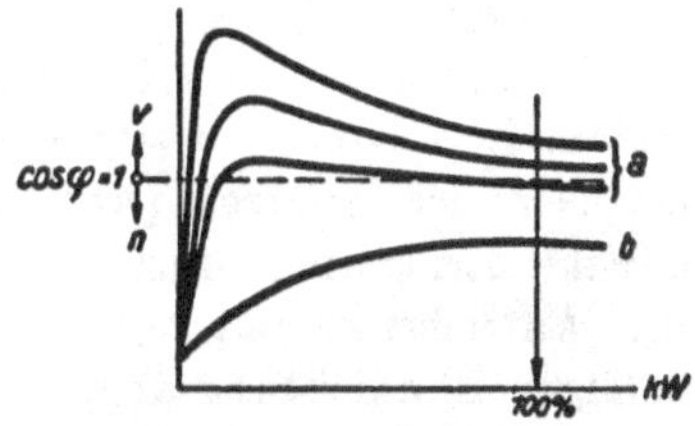

Abb. 25. Leistungsfaktor-Kennlinien eines Induktionsmotors, „a" mit selbsterregter Erregermaschine, „b" ohne Kompensation.

Hierbei sind die Bürsten der Erregermaschine mit den Schleifringen des zu kompensierenden Asynchronmotors über einen Anlasser verbunden. Der Antrieb erfolgt durch einen Kurzschlußläufermotor; beide Maschinen — Hauptmotor und Erregermaschine — sind also nur elektrisch miteinander gekuppelt. In den Stromkreis der im Ständer liegenden Phasenwicklung ist ein einstellbarer Ohmscher Widerstand eingeschaltet, welcher die Abgleichung des induktiven und Ohmschen Widerstandes gestattet. Dadurch wird die Selbsterregung der Maschine erreicht. — Die Phasenwicklung mit Regulierwiderstand kann auch durch eine Kurzschlußwicklung

Abb. 26. Selbsterregte Erregermaschine, 3,5 BkW, 13 V, 155 A 1500 U/min, mit Fremdantrieb.

ersetzt werden, wenn diese einen genau abgestimmten Ohmschen bzw. induktiven Widerstand hat.

Für den Vorgang der Kompensierung selbst gilt das unter Abschnitt „1a" Gesagte. — Die Einstellung des $\cos\varphi$ auf 1 oder voreilend bis $\cos\varphi = 0{,}6$ geschieht durch die Regelung der Drehzahl des Antriebsmotors oder durch Nebenschlußregler. Eine Kompensation kann in den Grenzen 10 bis 125% der Nennlast erfolgen (Abb. 25). Verwendet werden selbsterregte Erregermaschinen zweckmäßig zur Kompensierung von Antriebsmotoren mit schwankender Belastung oder mit mäßiger Blindleistungsabgabe.

Abb. 27. Typenreihe selbsterregter Drehstrom-Erregermaschinen.

d) Nebenschlußerregte Erregermaschinen.

Das dem Sachsenwerk patentrechtlich geschützte Prinzip dieser Maschinenart (Abb. 28) ist dadurch gekennzeichnet, daß ein auf die Welle des Hauptmotors aufgesetzter kleiner Frequenzwandler den für die Erregung der im Ständer der Erregermaschine untergebrachten Erregerwicklung erforder-

Abb. 28. Nebenschlußerregte Drehstrom-Erregermaschine für eine Asynchronmaschine, angetrieben durch einen asynchronen Käfigmotor; Nebenschlußregler für Betätigung von Hand und selbsttätig durch einen Öldruckschnellregler.

lichen Strom liefert. Es resultiert daraus, daß sie fast ausschließlich für die Blindstromversorgung asynchroner Blindleistungsmaschinen Verwendung finden, weshalb auch erst an dieser Stelle ihr Wesen und Aufbau beschrieben sein möge.

2. Kompensierte Drehstrommotoren.

Es sind dies Drehstrommotoren, welche keinen Blindstrom benötigen und die neben ihrer mechanischen Arbeitsleistung noch in der Lage sind, Magnetisierungsstrom an das Netz abzugeben, dadurch also eine Verbesserung der Phasenverschiebung bewirken. In der Hauptsache sind zwei verschiedene Ausführungsarten dieser Maschinen bekannt, welche hier nacheinander beschrieben sein sollen.

a) Mit besonderer Erregermaschine.

Abb. 29 zeigt das Prinzipschema und Abb. 30, 31 u. 32 die äußere Form kompensierter Drehstrommotoren, wie sie von den Lloyd-Dynamowerken bzw. Abb. 33, wie sie von den Siemens-Schuckert-Werken gebaut werden.

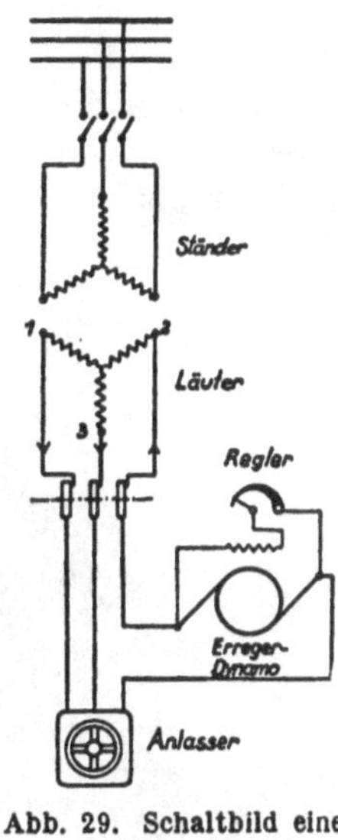

Abb. 29. Schaltbild eines kompensierten Drehstrommotors mit Erregermaschine.

Die innere Anordnung einer solchen Maschine gleicht im wesentlichen derjenigen eines normalen Asynchronmotors, d. h. der Stator hat eine Dreiphasenwicklung, welche an das Drehstromnetz gelegt wird. Der Rotor trägt ebenfalls eine Mehrphasenwicklung, deren Enden nach den Schleifringen geführt sind. Die Inbetriebsetzung erfolgt genau wie bei einem Asynchronmotor. Nachdem der Ständer mit dem Netz verbunden ist, rotiert der Läufer, wobei der Anlasser in der üblichen Weise betätigt wird. Der Motor läuft jetzt zunächst asynchron, d. h. mit einem geringen Schlupf (Drehzahlabfall) und entnimmt dem Netz den zu seiner Erregung benötigten Blindstrom.

Abb. 30. Kompensierter Drehstrommotor in ventiliert gekapselter Ausführung mit angebauter Erregermaschine; 100 kW, 600 U/min, 50 Hertz.

Nun ist aber in den Läuferstromkreis eine Gleichstromquelle in Gestalt einer mitlaufenden direkt an- oder eingebauten kleinen Erregermaschine geschaltet. Der von dieser Maschine in die Läuferwicklung gelieferte Gleichstrom überlagert den in dieser fließenden Wechselstrom und bringt dadurch den Motor von dem asynchronen in den synchronen, d. h. schlupf- und blindstromlosen Lauf hinein.

Abb. 31. Kompensierter Drehstrommotor mit eingebauter Erregermaschine; 40 kW, 220/380 V, 80 Hertz, 1500 U/min.

Durch entsprechendes Einstellen des Erregerstromes läßt sich dann ein derartiges magnetisches Feld erzeugen, daß für jeden Belastungsfall des Motors der Blindstrom drehstromseitig zum Verschwinden gebracht werden kann, d. h. der Leistungsfaktor läßt sich auf den Wert $\cos\varphi = 1$ einstellen.

Abb. 32. Kompensierter Asynchronmotor 1000 kW, 7000 V, 600 U/min, einen Gleichstromgenerator antreibend.

Geht man nun mit der Regulierung des Erregerstromes noch über den erreichten Wert $\cos\varphi = 1$ hinaus, so gibt der Motor den überschüssigen Magnetisierungsstrom durch Transformierung vom Rotor zum Stator an das Netz ab und kann somit einen Teil des von anderen Induktionsmotoren benötigten Blindstromes decken, was aber eine Verbesserung des Gesamtleistungsfaktors der Anlage bedeutet.

Ist die Erregung so eingestellt, daß sich bei voller Belastung ein $\cos\varphi = 1$ ergibt, so wird auch ohne besondere Nachregulierung des Erregerstromes bei sinkender Belastung vom Motor automatisch Blindstrom erzeugt. Dies ist von Bedeutung bei intermittierendem Betriebe eines Motors, da er dann in den Arbeitspausen automatisch als Phasenschieber, d. h. Blindstromerzeuger fungiert.

Abb. 33. **Synchronisierter Asynchronmotor 45 kW, 500 V, 750 U/min, cos φ = 0,9 Voreilung.**

Nachfolgend seien die Arbeitsdiagramme eines solchen kompensierten Lloyd-Drehstrommotors 100 kW, 1000 U/min, im Vergleich mit einem normalen Asynchronmotor dargestellt. So zeigt Abb. 34 die Leistungsfaktorverbesserung und die Blindstromersparnisse bei Verwendung eines kompensierten Motors, Abb. 35 den Verlauf des Wirkungsgrades, der für beide Maschinen gleich ist, und Abb. 36 die Zunahme der

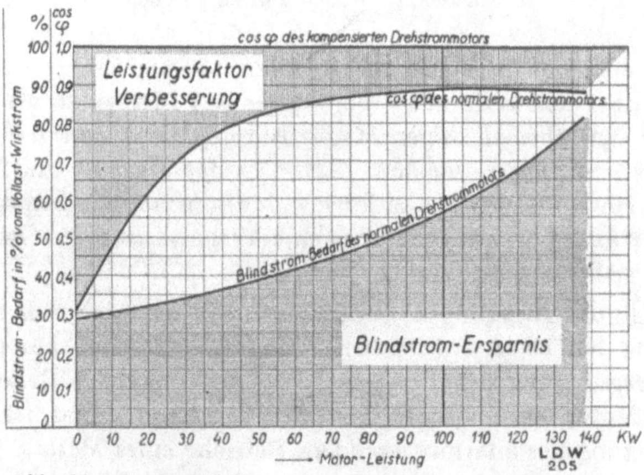

Abb. 34. Leistungsfaktorverbesserung und Blindstromersparnisse bei Verwendung eines kompensierten Motors gegenüber einem Asynchronmotor gleicher Leistung.

Blindstromlieferung eines kompensierten 100-kW-Drehstrommotors bei abnehmender Belastung und unveränderter Erregung.

Kompensierte Drehstrommotoren der hier beschriebenen Art werden von 15 kW aufwärts gebaut. Ihre Verwendung ist hauptsächlich da am Platze, wo von vornherein in einer

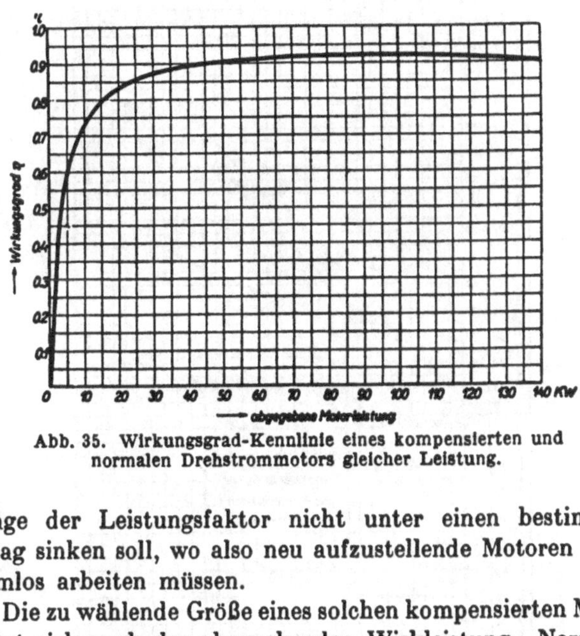

Abb. 35. Wirkungsgrad-Kennlinie eines kompensierten und normalen Drehstrommotors gleicher Leistung.

Anlage der Leistungsfaktor nicht unter einen bestimmten Betrag sinken soll, wo also neu aufzustellende Motoren blindstromlos arbeiten müssen.

Die zu wählende Größe eines solchen kompensierten Motors richtet sich nach der abzugebenden Wirkleistung. Normalerweise liefert er bei voller mechanischer Ausnutzung bereits ca. 20 bis 30% Blindleistung, welche bei Unterbelastung noch stark zunimmt (Abb. 36). Soll ein Motor bei Vollast noch eine größere Blindleistung abgeben, so muß er natürlich entsprechend größer gewählt werden. Beträgt z. B. die Vollast-Dauerleistung des Motors 80 kW und soll er im vollbelasteten Zustande außerdem noch eine Blindleistung von ca. 100 BkW abgeben können, so muß er nach Abb. 9 für eine Motorleistung von

$$N = \sqrt{80^2 + 100^2} = \mathbf{138}\ \text{kW}$$

also rund 140 kW dimensioniert sein.

Nachteile: Gegenüber normalen Asynchronmotoren haben kompensierte Motoren folgende Nachteile: Höhere Anschaffungskosten (von 15 kW aufwärts ca. 30 Mk. pro kW teurer); etwas größerer Platzbedarf bei angebauten Erregermaschinen; größere Verluste bei Überkompensierung, — da-

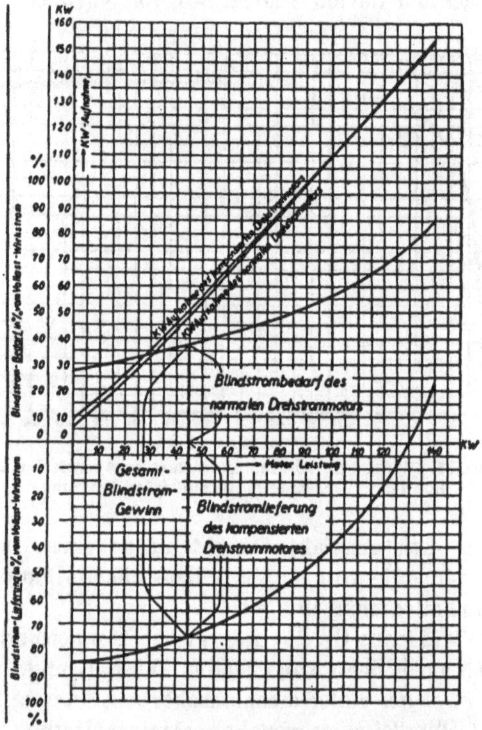

Abb. 36. Graphische Darstellung der Zunahme der Blindstromlieferung eines kompensierten 100 kW Drehstrommotors bei abnehmender Belastuug und konstanter Erregung.

durch dann etwas schlechterer Wirkungsgrad als bei anderen Motoren gleicher Leistung; erforderliche sorgfältigere Wartung, welche durch den Kollektor und Bürstenapparat bedingt ist; häufigere Betriebsstörungen als normale Drehstrommotoren.

Indessen reichen diese Nachteile nicht aus, um die immer größer werdende Bedeutung kompensierter Motoren herabzumindern.

b) Mit eingebauter Hilfswicklung.

Die zweite Art der kompensierten Motoren zeigt im Prinzip das Schaltschema Abb. 37. Derartige von der AEG. gebaute Maschinen unterscheiden sich von den vorgenannten dadurch, daß der Strom nicht dem Ständer, sondern dem Läufer über Schleifringen zugeführt wird. Dieser trägt außer seiner normalen Wicklung eine besondere — nach Art der Gleichstromwicklungen ausgeführte — Hilfswicklung, welche an einen kleinen Kollektor angeschlossen ist, der neben den Schleifringen auf der Welle des Rotors sitzt. Mit dieser Hilfswicklung wird die durch den Magnetisierungsstrom hervorgerufene Phasenverschiebung aufgehoben bzw. eine Überkompensierung des Motors erreicht, was aber, wie schon angeführt, Abgabe von Blindstrom an das Netz bedeutet. Der Vorgang hierbei ist folgender: Prinzipiell ist es gleichgültig, ob einem Asynchronmotor der zur Erregung benötigte Magnetisierungsstrom dem Ständer oder Läufer zugeführt wird. Normalerweise führt ein unkompensierter Motor den Blindstrom in der Statorwicklung, die an das Netz angeschlossen ist. In diesem Falle liegt nun der Anschluß am Rotor, so daß also der Läufer als Ständer und der Stator als Läufer betrachtet werden muß. Der Anlasser zur Herabminderung des Anlaufstromes wird hierbei mit den Wicklungen des Stators verbunden. An der Funktion des Motors wird hierdurch nichts geändert. Durch den Umlauf des Rotors kommt in der von ihm getragenen Hilfswicklung ein Strom zustande, welcher über den Kollektor dem Stator zugeführt wird. Dieser Gleichstrom überlagert den in dieser Wicklung fließenden Wechselstrom und übernimmt die erforderliche Erregung der Maschine. Jetzt braucht der Rotor — genau wie bei der vorbeschriebenen Maschinenart der Stator — aus dem Netz keinen Blindstrom mehr zu entnehmen; er führt also nur Wirkstrom, d. h. der Leistungsfaktor hat den Wert $\cos \varphi = 1$.

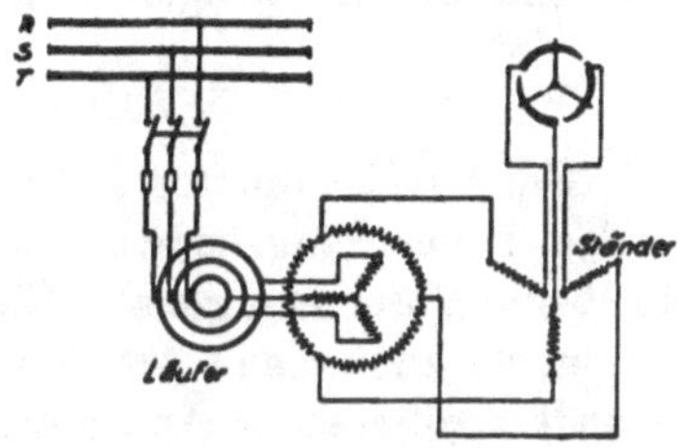

Abb. 37. Prinzipschema eines kompensierten Drehstrommotors mit Hilfswicklung.

Leitet man nun dem Stator mehr Magnetisierungsstrom zu, als benötigt wird, so gibt er den Überschuß durch Transformation über den Rotor hinweg an das Netz ab. Der Motor ist in diesem Falle überkompensiert und bewirkt dementsprechend eine Verbesserung des Leistungsfaktors der Gesamtanlage —, was ja das angestrebte Ziel ist.

Über Grenzen des Verwendungsgebietes, Vor- und Nachteile gilt das im vorigen Kapitel Gesagte.

3. Synchronmotoren.

Ein Synchronmotor stellt seinem Wesen nach einen normalen Drehstromgenerator dar. Aufbau und Schaltung ist für beide Maschinen gleich. Ein Stator trägt die an das Drehstromnetz zu legende Arbeitswicklung und ein innerhalb des Ständers rotierender Anker die von einer besonderen Gleichstromquelle gespeiste Erregerwicklung (Abb. 38). Es kann also jeder Synchrongenerator als Synchronmotor benutzt werden. Synchron wird diese Maschinengattung aus dem Grunde genannt, weil ihre Drehzahl nicht geregelt werden kann. Sie ist entsprechend der Formel $n = \frac{60 \cdot f}{p}$, worin „n" die Drehzahl, „f" die Frequenz und „p" die Polpaarzahl bedeutet, abhängig von der in einem Netz herrschenden Frequenz (meist 50 Hertz) und von der eigenen Polzahl. Da nun die Erregung des Synchronmotors — wie schon erwähnt —, mit Gleichstrom geschieht, braucht er dem Netz keinen Blindstrom für die Magnetisierung zu entnehmen; er läuft also bei entsprechender Erregung mit $\cos \varphi = 1$. — Dieser Fall wäre bei einem Synchronmotor der normale. Nun sind aber zwei weitere Zustände des Motors erreichbar, welche ihn eben als Phasenkompensationseinrichtung geeignet machen.

Wird z. B. die Gleichstromerregung zu niedrig gehalten, so entnimmt der Motor dem Netz noch automatisch einen zusätzlichen Blindstrom, bewirkt also eine Phasenverschiebung. In diesem Falle liegt „Untererregung" vor.

Findet jedoch „Übererregung" statt, d. h. ist die durch den Gleichstrom erzeugte Erregung größer als sie der Motor benötigt, so wird der Überschuß von der Erregerwicklung aus durch Transformation auf die Statorwicklung übertragen und von dieser als Magnetisierungs- oder Blindstrom an das Netz abgegeben. Ein übererregter Synchronmotor stellt also eine kapazitive Belastung des Netzes dar, ruft demnach eine voreilende Phasenverschiebung hervor und kompensiert somit den Blindstromverbrauch anderer induktiver Stromverbraucher im Netz. Damit ist die angestrebte Verbesserung des Gesamtleistungsfaktors einer Anlage erreicht.

Leider hat der Synchronmotor nun Nachteile, welche seine Verwendung zur Abgabe mechanischer Leistung und gleichzeitig zur Erzeugung von Blindleistung nur bedingt zulassen. Es ist nämlich nicht möglich, ihn auf so einfache Weise wie z. B. den Asynchronmotor anzulassen. Um einen Synchronmotor an ein Netz zu legen, ist er zunächst mittels besonderem Anwurfsmotor auf annähernd richtige Tourenzahl zu bringen.

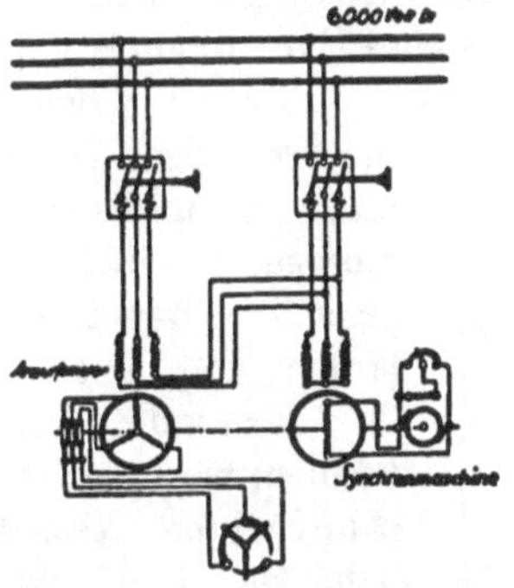

Abb. 38. Prinzipschaltbild für normales Anlassen eines Synchronmotors mit asynchronem Anwurfmotor und Synchronisiervorrichtung.

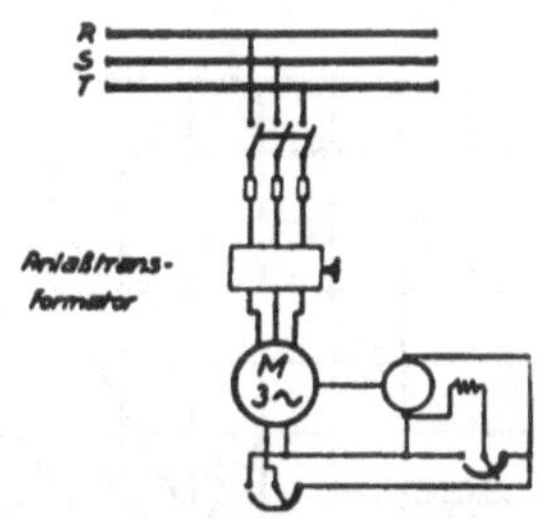

Abb. 39. Schema für asynchrones Anlassen eines Synchronmotors mittels Anlaßtransformators.

Dann muß der Erregerstrom so einreguliert werden, daß die erzeugte Spannung mit der Netzspannung übereinstimmt. Weiter müssen im Augenblick des Zuschaltens der Maschinen beide Spannungen phasengleich sein, was mittels eines Synchronoskops erkennbar ist. Das Anlassen eines Synchronmotors gestaltet sich also genau so wie das Parallelschalten von Wechselstromgeneratoren (Abb. 38).

Es ist einleuchtend, daß sich dieses Verfahren bei Motoren kleiner und mittlerer Leistung wegen der Kostspieligkeit und

Kompliziertheit von selbst verbietet. Man war deshalb bestrebt, Anlaßverfahren auszubilden, welche die genannten Übelstände vermeiden. Eine der einfachsten Methoden ist das „asynchrone Anlassen“ mittels Anlaßtransformators (Abb. 39), bei welchem der Motor unmittelbar vom Drehstromnetz aus in Betrieb gesetzt wird. Zu diesem Zwecke ist in den Polschuhen des Synchronmotors eine besondere, in sich kurz geschlossene Hilfswicklung (Käfigwicklung) gebettet und vor den Motor ein Anlaßtransformator gelegt, welcher ihm zunächst nur einen Teil der Spannung zuführt und vermeidet, daß der Stromstoß zu hoch wird. Der Motor läuft nun als Induktionsmotor mit Kurzschlußläufer von selbst in den gewollten Synchronismus hinein. — Der große Nachteil dieser Einrichtung ist, daß der Anlaufstrom rein induktiv und sehr hoch wird — was aber gerade bei Blindleistungsmaschinen, die ja dazu dienen sollen, voreilende, kapazitive Blindleistung zu erzeugen, vermieden werden muß. Da außerdem Synchronmotoren den Nachteil eines geringen Anzugsmomentes haben, d. h. praktisch nur leer anlaufen und auch nur da verwendet werden können, wo keine Drehzahlregelung erforderlich ist und weiter auch keine Belastungsstöße auftreten, ist ihre Anwendung als Phasenkompensatoren bei **gleichzeitiger** Abgabe mechanischer Leistung beschränkt.

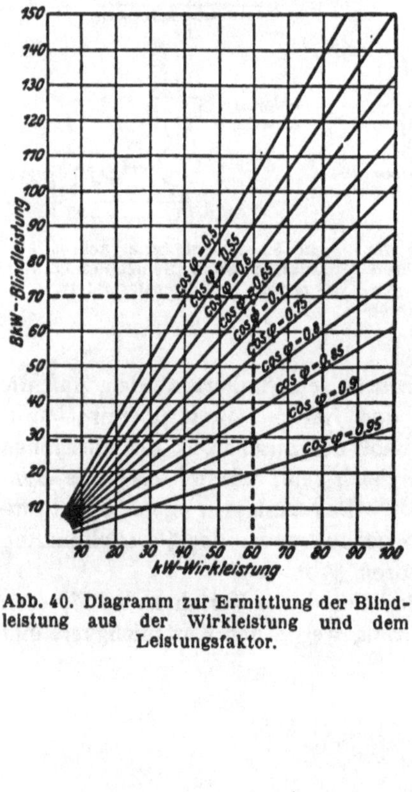

Abb. 40. Diagramm zur Ermittlung der Blindleistung aus der Wirkleistung und dem Leistungsfaktor.

Trotzdem ist die Bedeutung der Synchronmotoren für die Verbesserung des Leistungsfaktors sehr groß. Verzichtet man nämlich auf

Verwendung der mechanischen Leistung der Motoren, so kann der Synchronmotor auch leerlaufend als „Phasenschieber" arbeiten, d. h. er wird nur zur Abgabe von Blindleistung benutzt. In diesem Falle muß der Motor maximale Erregung erhalten und braucht nur für die tatsächlich benötigte Blindleistung dimensioniert sein.

Zur überschläglichen Ermittlung der erforderlichen Motorgröße mögen die von der AEG. aufgestellten Diagramme Abb. 40 und Abb. 41 dienen.

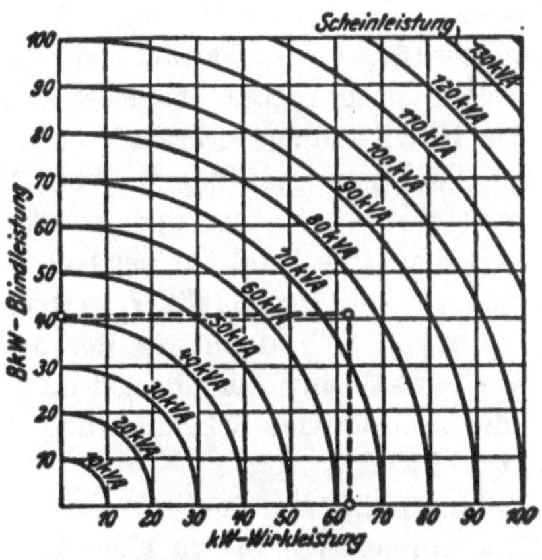

Abb. 41. Ermittlung der Scheinleistung aus der Blindleistung und der Wirkleistung.

F o l g e n d e s B e i s p i e l m ö g e d i e A n w e n d u n g e r l ä u t e r n: Eine Fabrik hat einen Verbrauch von 80 kW. Der sehr niedrige Leistungsfaktor $\cos \varphi = 0{,}5$ soll auf 0,85 verbessert werden. Hierzu ist die Aufstellung eines Synchronmotors geplant, der neben der Erzeugung der erforderlichen Blindleistung noch eine mechanische Leistung von 40 kW abgeben soll. Für welche Scheinleistung ist der Motor zu bemessen?

Aus Abb. 40 wird zunächst die Blindleistungsaufnahme beim jetzigen Leistungsfaktor ermittelt. Diese ergibt sich aus der Wirkleistung von 80 kW und $\cos \varphi = 0{,}5$ zu 140 BkW. Soll nun der $\cos \varphi$ den Wert 0,85 erreichen, so darf der Blindleistungsverbrauch entsprechend der Abb. 40 nur rund 50 BkW betragen. Die Differenz aus $140 - 50 = 90$ BkW müßte also von dem aufzustellenden Synchronmotor kompensiert werden. Da dieser außerdem 40 kW Wirkleistung abgeben soll, beträgt seine Wirkleistungsaufnahme unter Berücksichtigung des Wirkungsgrades, der auf $\eta = 0{,}89$ geschätzt wird:

$$N_w = \frac{40}{0{,}89} = \mathbf{45\ kW.}$$

Damit erhöht sich nun aber die Gesamtaufnahme der Anlage von 80 auf 125 kW. Da die zusätzlichen 45 kW des Synchronomotors keine Phasenverschiebung mehr bewirken, muß zwangsweise eine Verbesserung des bestehenden Leistungsfaktors eintreten. — Tatsächlich ergibt sich aus Abb. 40 — welche nach rechts erweitert gedacht werden soll —, daß der Blindleistungsverbrauch bei $\cos \psi = 0{,}85$ und bei einer Wirkleistungsaufnahme von 125 kW jetzt 77 BkW betragen darf — anstatt nur 50 BkW bei 80 kW Wirkleistung. Dementsprechend hat der Sychronomotor nur die Differenz aus 140 — 77 = **63 BkW** zu kompensieren.

Aus Abb. 41 ergibt sich dann aus der aufgenommenen Wirkleistung von 45 kW und der abgegebenen Blindleistung von 63 BkW die erforderliche Scheinleistung des Synchronmotors zu $\mathbf{N_s = 78\ kVA}$.

Das charakteristische Merkmal der als Phasenschieber arbeitenden Synchronmotoren bis zu einer Leistung von ca.

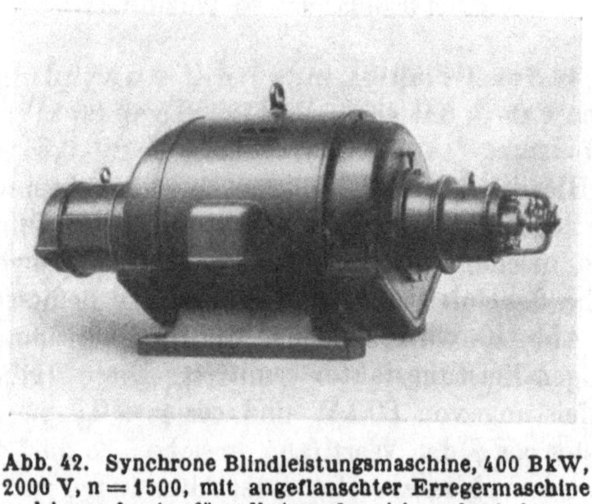

Abb. 42. Synchrone Blindleistungsmaschine, 400 BkW, 2000 V, n = 1500, mit angeflanschter Erregermaschine und Anwurfmotor für selbstsynchronisierendes Anlassen. (Sachsenwerk).

1000 kW bei nicht asynchronem Anlauf ist der direkt angebaute kleine Gleichstromgenerator für die Erregung und der ebenfalls angeflanschte asynchrone Drehstrommotor für den Anwurf (Abb. 42).

Die Prinzipschaltung eines solchen Maschinenaggregats als Phasenschieber zeigt Abb. 43.

Die hierbei zur Verwendung kommende Anlaßmethode — welche von Rosenberg angegeben und vom Sachsenwerk vervollkommnet wurde —, wird als „selbstsynchronisierendes Anlaßverfahren" bezeichnet. Es unterscheidet sich von der gewöhnlichen Anlaßschaltung nach Abb. 38 mit Anwurfmotor und Synchronisiervorrichtung nur dadurch, daß der Ständer des Anwurfmotors mit dem der Synchronmaschine hintereinandergeschaltet ist. Dieses Verfahren ist billig, in der Bedienung sehr einfach und hat vor allem den Vorteil außerordentlich niedriger Anlaufströme.

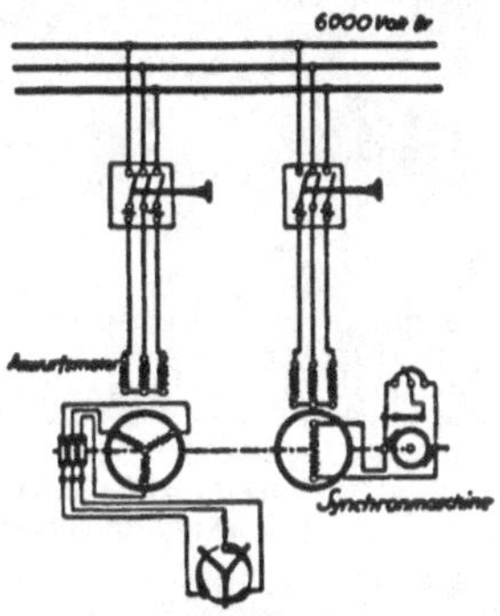

Abb. 43. Schaltbild eines Synchronmotors, als Phasenschieber arbeitend; selbstsynchronisierendes Anlassen mit Anwurfmotor.

Über die Leistungsgrenze von 1000 BkW hinaus ist die Verwendung von Schildlagertypen nicht mehr möglich. Es kommt deshalb die in Abb. 44 gezeigte Ausführung in Frage. Um trotzdem die Baulänge so kurz wie möglich zu halten, sind bei der in Abb. 44 gezeigten Blindleistungsmaschine Anwurfmotor und Erregermaschine in einem gemeinsamen Gehäuse vereinigt.

Diese Art der Leistungsfaktorverbesserung mittels leerlaufender Synchronmotoren stellt zur Zeit für die Mehrzahl der Fälle in dem Leistungsbereich von ca. 450 bis 6000 BkW die wirtschaftlich günstigste und auch praktisch am meisten angewandte Lösung dar, — obgleich die Anschaffungskosten nicht gering sind und auch die Betriebskosten infolge des vom Blindstromerzeuger benötigten Eigenbedarfs an Wirkstrom und der erforderlichen Wartung einen nicht unerheblichen Prozentsatz ausmachen.

Abb. 44. Synchrone Blindleistungsmaschine, 5000 BkW, 6000 V, $n = 1000$, mit direkt gekuppelter Erregermaschine und Anwurfmotor für selbstsynchronisierendes Anlassen. (Sachsenwerk).

4. Asynchrone Blindleistungsmaschinen.

Diese finden Verwendung bei sehr großen erforderlichen Blindleistungen (von ca. 6000 BkW aufwärts). Im Gegensatz zu den eingangs beschriebenen „kompensierten Asynchronmotoren", welche Blindleistung nur in geringem Maße und

Abb. 45. Asynchrone Blindleistungsmaschine für 5000 BkW, 10000 V, 1000 U/min, mit fremderregter Drehstromerregermaschine. (Siemens-Schuckert, Berlin).

auch nur in Verbindung mit Wirkleistung abgeben, laufen Maschinen dieser Gattung meist leer und dienen ausschließlich den Zwecken der reinen Blindstromerzeugung. Sie sind also nicht zu verwechseln mit kompensierten oder synchronisierten Maschinen, die nur in der äußeren Gestaltung den Asynchronmaschinen ähneln, im Wesen aber Synchronmaschinen sind.

Die äußere Gestaltung einer solchen asynchronen Blindleistungsmaschine, wie sie z. B. von den Siemens-Schuckert-Werken gebaut wird, zeigt Abb. 45, das Prinzipschema Abb. 46.

Direkt mit der Asynchronmaschine gekuppelt ist in diesem Falle eine „fremderregte" Drehstromerregermaschine, wie sie in Kap. 1 b beschrieben wurde. Diese wird aus dem Netz über einen Erregertransformator mit Stufenschalter oder Doppel-Drehtransformator erregt und liefert die für die Hauptmaschine erforderliche Erregerleistung. — Die Vorgänge sind nun im Prinzip die gleichen wie bei einem Synchronmotor, d. h. ebenso wie der Synchronmotor durch zu hohe Gleichstromerregung übererregt und gezwungen wird, Blindstrom an das Netz abzugeben, kann auch ein Asynchronmotor mit Schleifringanker übererregt werden. Nur kuppelt man mit ihm nicht eine „Gleichstrom-Erregermaschine", sondern eine „Blindstrom-Erregermaschine", welche dem Rotor des Hauptmotors mehr Blindstrom zuführt, als er normal bei Leerlauf benötigt, so daß dieser — genau wie der Synchronmotor —, den Überschuß durch Transformation über den Stator hinweg an das Netz abgibt.

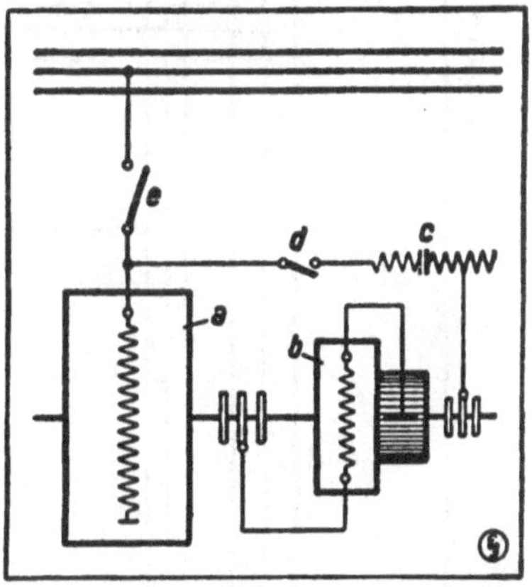

Abb. 46.
Prinzipschaltschema einer Asynchron-Blindleistungsmaschine nach Abb. 45 mit fremderregter Drehstromerregermaschine.
Zeichenerklärung:
a = Asynchronmaschine, *b* = Drehstromerregermaschine, kompensiert mit Läufererregung, *c* = Erregertransformator mit Stufenschalter, *d* = Erregerschalter, *e* = Hauptschalter.

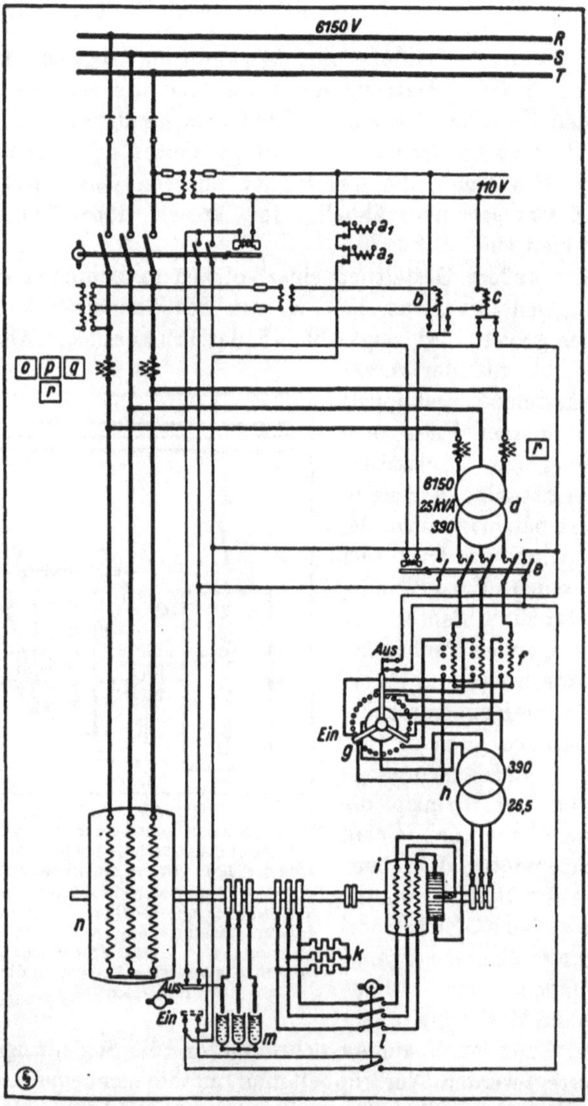

Abb. 46 a. Schaltbild einer kompletten Phasenkompensationsanlage mit asynchroner Blindleistungsmaschine und fremderregte Drehstromerregermaschine.

Zeichenerklärung:

a_1 und a_2 = Zeitrelais, b = Steigerungsrelais, c = Hilfsrelais, d = Erregervordertransformator, e = Erregerschalter, f = Spannungsteiler, g = Erregerhintertransformator, h = Stufenschalter, i = Erregermaschine, k = Parallelwiderstände, l = Trennschalter, m = Anlasser, n = Hauptmaschine, o = Stromzeiger, p = Blindleistungsanzeiger, q = Zähler· r = Überstromauslöser.

Die Vorteile der asynchronen Blindleistungsmaschinen gegenüber Synchronmotoren sind jedoch die, daß die Anlaufschwierigkeiten in Fortfall kommen und daß sie auch bei starker Untererregung bis zu 100% nacheilender Blindleistungsaufnahme als leerlaufende Maschinen noch immer absolut stabil bleiben, also nicht wie Synchronmaschinen bei Untererregung und geringen Frequenz- und Spannungsschwankungen schon aus dem Tritt fallen.

Eine vom vorbeschriebenen System abweichende und dem Sachsenwerk geschützte Art der „asynchronen Blindleistungsmaschinen" (Abb. 47) arbeitet an Stelle mit „netzerregten" mit „nebenschlußerregten" Erregermaschine (Abb. 28).

Hierbei ist auf die Welle des Hauptmotors ein kleiner Frequenzwandler aufgesetzt, welcher für die im Ständer der Erregermaschine untergebrachte Erregerwicklung den Strom liefert. Der Frequenzwandler selbst wird vom Netz erregt und hat in jedem Falle sehr geringe Abmessungen, da er lediglich die Erregerleistung der Erregermaschine, nicht aber die der Hauptmaschine aufzubringen hat. Die Erregermaschine selbst hat im Gegensatz zum vorgeschriebenen System keine Schleifringe, ist also einfacher im Aufbau und braucht auch nicht von der Hauptmaschine starr angetrieben zu werden, wie

Abb. 47. Asynchroner Motorgenerator, Gleichstrom 600 kW, Drehstrom 650 kW, und 4000 BkW Blindleistung, 5000 V, 995 U/min, mit asynchronem Anwurfmotor für selbsttätigen Anlauf und „nebenschlußerregter" Erregermaschine nach Abb. 28. (Sachsenwerk.)

dies bei netzerregten Erregermaschinen zur Erzielung der Schlupffrequenz der dem Läufer der Asynchronmaschine zugeführten Spannung erforderlich ist. Infolgedessen gestattet diese Maschinenart eine getrennte Aufstellung von der Hauptmaschine und wird zweckmäßig von einem gewöhnlichen Kurzschlußmotor angetrieben (Abb. 28).

Die Regelung der Blindleistung kann entweder mit Hilfe eines im Erregerstromkreis der Erregermaschine eingeschalteten dreiphasigen Nebenschlußreglers erfolgen — oder aber durch einen kleinen, im Primärstromkreis des Frequenzwandlers liegenden Drehtransformators (Abb. 48).

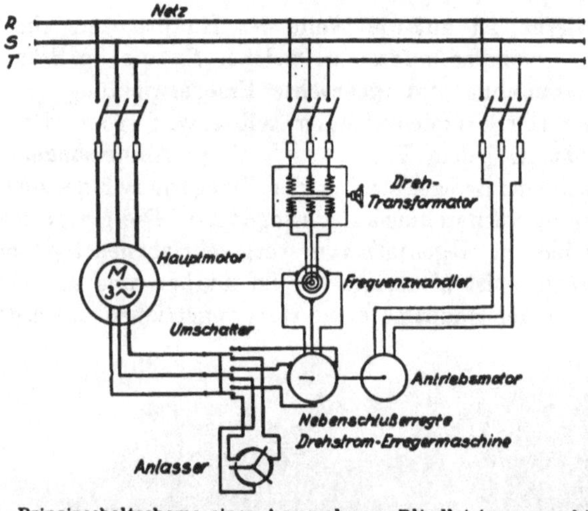

Abb. 48. Prinzipschaltschema einer Asynchron-Blindleistungsmaschine mit asynchronem Anwurfmotor und „nebenschlußerregter" Erregermaschine.

Außer dem Zwecke der reinen Blindstromerzeugung werden asynchrone Blindleistungsmaschinen auch zur Spannungsregelung, insbesondere zur Konstanthaltung der Spannung am Ende langer Hochspannungsleitungen benutzt. Da sie außerdem gegenüber synchronen Blindleistungsmaschinen in dem genannten hohen Leistungsbereich noch verschiedene Vorteile haben — welche im Kapitel „L" genannt sind —, dürften die asynchronen Blindleistungsmaschinen — obgleich erst eine kaum vierjährige Betriebserfahrung für diese Maschinengattung vorliegt —, doch sehr bald weitestgehend Verwendung als Blindstromerzeuger im großen finden.

5. Kondensatoren.

a) Wesen, Wirkungsweise und Aufbau.

Kondensatoren stellen bekanntlich elektrische Ansammlungsapparate dar. Sie bestehen im Prinzip aus 2 Metallbelegen, welche durch ein Dielektrikum voneinander isoliert sind. Wird nun eine Gleichstromquelle mit den beiden Be-

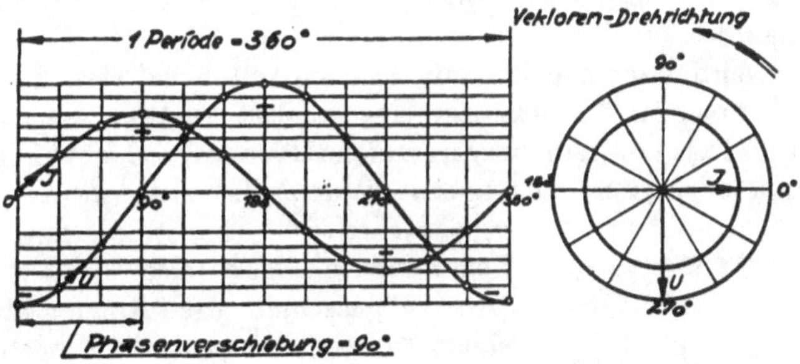

Abb. 49. Voreilender Verlauf des Stromes zur Spannung bei kapazitiver Last.

legen verbunden, so werden diese elektrisch aufgeladen. Ein Fließen des Stromes in einer Richtung, wie es bei Gleichstrom der Fall ist, kann nicht stattfinden; wohl aber wird Wechselstrom durch einen Kondensator hindurchgelassen, indem seine Belegungen den Schwankungen und der Stärke des Wechselstroms entsprechend, fortdauernd geladen und entladen werden. Dabei tritt eine „voreilende" Phasenverschiebung des Stromes gegen die Spannung ein (Abb. 49 u. 50).

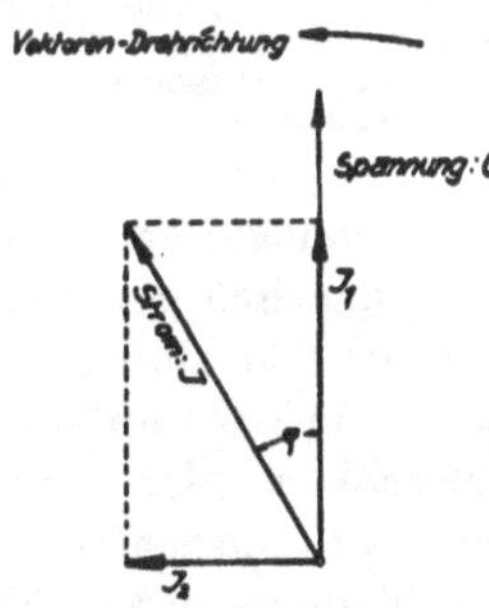

Abb. 50. Voreilende Phasenverschiebung zwischen Strom und Spannung bei kapazitiver Belastung.

Die größte denkbare Phasenvoreilung des Stromes kann 90⁰ betragen. Sie tritt dann auf, wenn der Stromkreis vollkommen frei von induktivem Widerstand ist und nur eine Kapazität enthält. In diesem Falle ist der fließende Strom ein reiner Blindstrom. — Bei einer weniger als 90° betragenden Phasenverschiebung kann man den Wechselstrom entsprechend den Vorgängen bei einem mit Selbstinduktion behafteten Stromkreis aus einer mit der Spannung in Phase befindlichen Wirkstromkomponente und einer Blindstromkomponente mit 90° Phasenvoreilung zusammengesetzt denken (Abb. 50). Die letztere ist wattlos, ist also an der Arbeitsleistung nicht beteiligt und dient lediglich dazu, die abwechselnde Ladung und Entladung des Kondensators zu bewrken. Aus diesem Grunde wird der voreilende Blindstrom auch oft „Ladestrom" genannt.

Wird also in einen mit Induktivität behafteten Stromkreis noch ein Kondensator eingeschaltet, so kann die durch die Selbstinduktion hervorgerufene Phasenverschiebung teilweise oder ganz aufgehoben werden. Ist z. B. in Abb. 51 $\varphi_1 = \varphi_2$, so ist der Strom mit der Spannung in Phase, also $\cos \varphi = 1$. Diese Eigenschaft des Kondensators, einem Netz „voreilenden" Blindstrom zu entnehmen, macht ihn als Mittel zur Leistungsfaktorverbesserung vorzüglich geeignet. Man ist deshalb seit langem um die Entwicklung dieser Apparate mit bestem Erfolg bemüht. Gerade die letzten drei Jahre haben ungeheure Fortschritte in der technischen Vervollkommnung, Betriebssicherheit und Preiswürdigkeit der Kondensatoren gebracht. Während man noch vor wenigen Jahren den Kondensatoren als Mittel zur Leistungsfaktorverbesserung sehr skeptisch gegenüberstand und die anfänglichen Versuche mit nur sehr kleinen Leistungen durchführen konnte, hat sich heute die Lage außerordentlich zugunsten der Kondensatoren verschoben. Man kann heute praktisch fast jede Blindleistung mittels Kondensatoren erzeugen. Einheiten von 5 bis 450 BkW bei Spannungen von 220 bis 16000 V sind heute absolut sicher und zuverlässig arbeitende Apparate und werden schon von verschiedenen Firmen hergestellt.

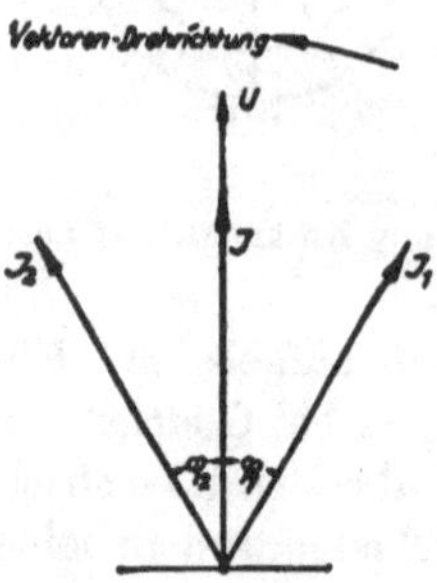

Abb. 51. Ausgleich zwischen voreilender und nacheilender Phasenverschiebung.

Die Kompensationswirkung eines Kondensators wird durch Abb. 52, welche den Strom- und Spannungsverlauf eines induktiven Stromverbraucherapparates vor und nach der Kompensation zeigt, sehr klar veranschaulicht. Der nach der Kompensation übrigbleibende Strom ist ein reiner Wirk- oder Wattstrom, welcher mit seinem vollen Betrage zur Arbeitsleistung beiträgt.

Eine seltsame Eigenart weisen die Kondensatoren auf, welche ihrer Gefährlichkeit wegen besondere Beachtung erfordert. Kondensatoren bleiben nämlich nach dem Abschalten

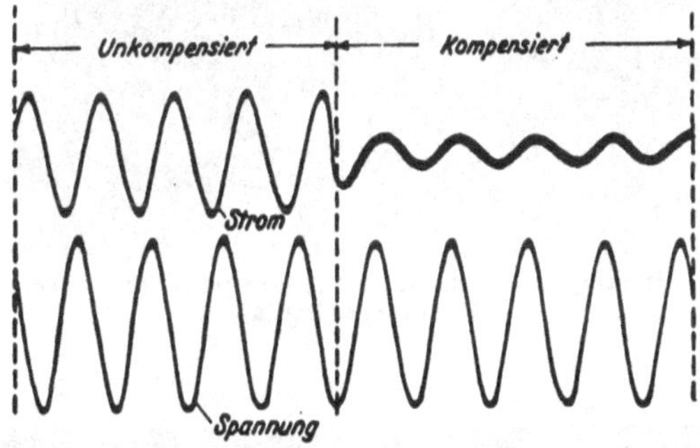

Abb. 52. Verlauf der Strom- und Spannungswelle eines induktiven Stromverbrauchers vor und nach der Kompensation durch Kondensatoren.

noch sehr lange Zeit aufgeladen, d. h. sie behalten ihre Spannung, wenn nicht durch besondere Vorrichtungen für ihre Beseitigung Sorge getragen wird. Dies kann geschehen durch eingebaute Entladungswiderstände oder aber durch passend konstruierte Kondensatorenschalter, welche beim Ausschalten die Klemmen über Widerstände miteinander verbinden und an Erde legen. Sind Kondensatoren aber über Transformatoren oder direkt an die Klemmen eines Motors angeschlossen, so erübrigen sich derartige Einrichtungen, da die Restladungen dann über die Windungen des Transformators oder Motors ausgeglichen und vernichtet werden.

Die äußere Gestaltung solcher elektro-statischer Kondensatoren zeigen die Abb. 53 bis 69 u. 91 bis 94. In einem Blechgehäuse, welches die Anschlußklemmen trägt, ist der eigentliche Kondensatorkörper isoliert eingebaut. Dieser besteht

Abb. 53. Starkstromkondensatoren zur Leistungsfaktorverbesserung (Hydrawerk, Berlin).

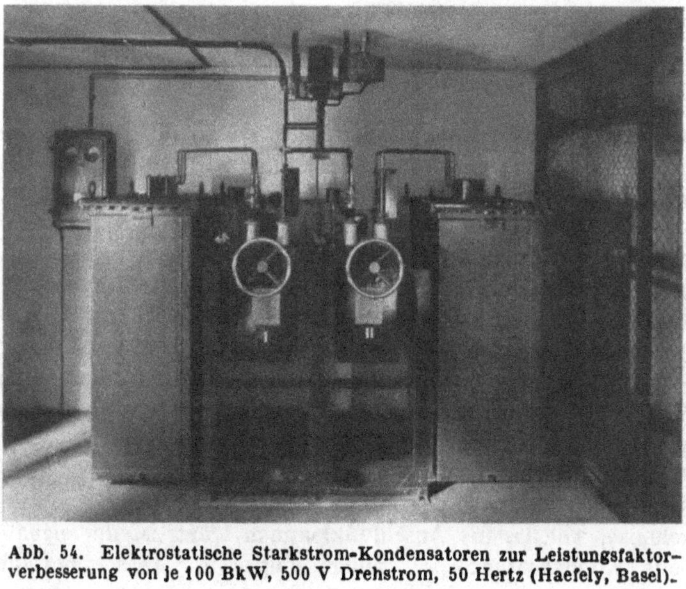

Abb. 54. Elektrostatische Starkstrom-Kondensatoren zur Leistungsfaktorverbesserung von je 100 BkW, 500 V Drehstrom, 50 Hertz (Haefely, Basel).

aus vielen flachen aufeinandergeschichteten Einzelelementen, welche wiederum Wickelkörper darstellen (Abb. 69), die aus abwechselnden Lagen hochwertiger Isoliermaterialien und dünner Metallfolien bestehen und nach besonderen Verfahren mit einer Spezialisoliermasse getränkt sind. Von den einzelnen Firmen wird hohe dielektrische Festigkeit bei niedrigen dielektrischen Verlusten garantiert.

Je nach Bedarf können die Kondensatoren für Ein- oder Dreiphasenbetrieb hergestellt werden. Für Anschluß an Drehstromnetze kommt die letztere Art zur Verwendung. Diese bestehen aus drei in Dreieck zusammengeschaltete Kondensatorengruppen. Jede dieser Gruppen ist dann wiederum aus mehreren unter sich parallelgeschalteten Kondensatorengruppen zusammengesetzt.

Ein Drehstromkondensator befindet sich in einem Blechgehäuse, welches mit 3 Anschlußklemmen (u, v, w) und 1 Er-

Abb. 54a. Drehstrom-Kondensator 100 BkW, 500 Volt, 50 Hertz, im „geöffneten“ Zustande, d. h. ohne Ölkessel (Haefely, Basel).

dungsschraube (E) ausgerüstet ist. Bei den von den Hydrawerken hergestellten Kondensatoren (Abb. 53) sind die Phasen u, v und v, w durch Entladungswiderstände von hohem Ohmwert überbrückt, welche den selbständigen Ausgleich der beim Abschalten des Kondensators verbleibenden statischen Ladung innerhalb 2 bis 3 Minuten bewirken.

Abb. 55. Starkstromkondensator, fertig montiert, zur Leistungsfaktorverbesserung eines Motors (Haefely, Basel). Dieses Bild veranschaulicht recht klar die ausserordentliche Einfachheit des Anschlusses von Kondensatoren.

Der Anschluß der Kondensatoren mit Blindleistungen über 50 BkW erfolgt mittels Spezialölschalter, die für Betriebsspannungen bis einschließlich 1000 V mit Entladewiderständen und für höhere Spannungen mit Vorkontakten und Entladewiderständen ausgerüstet sind.

Abb. 54 bis 57 u. 94 zeigen elektrostatische Kondensatoren der Firma Haefely, Basel;

Abb. 58 solche der Firma Lorenz, Berlin;

Abb. 60 Kondensatoren der Firma Siemens, Berlin;

Abb. 61 bis 64 solche der Meirowsky-A.G., Porz a. Rh.;

Abb. 59, 65 bis 66 u. 92 bis 93 Kondensatoren der Firma Sieverts, Schweden; (jetzt: Brown, Boveri&Cie., A.-G.).

Abb. 67 bis 68a Kondensatoren der Micafil A.G. in Zürich-Altstetten;

Abb. 91 Kondensatoren der Hirsch, Kupfer- und Messingwerke A.-G., (Eberswalde).

Für alle gilt im großen und ganzen das Vorgesagte.

Bei etlichen Fabrikaten der Phasenschieberkondensatoren geschieht der Ausgleich der Ladung über besonders zu betätigende Erdungsschalter. Bei dieser Anordnung darf unter keinen Umständen nach Ausschaltung der Kondensatoren das Einlegen des Erdungsschalters vergessen werden, sollen nicht Unglücksfälle die Folge sein.

Abb. 56. Starkstromkondensator, 250 BkW, 2000 V Drehstrom, beim Versenken in den Ölkessel (Haefely, Basel).

Eine in den großen Einheiten von der normalen Ausführung abweichende Konstruktion zeigen die Starkstromkondensatoren der Firma Sieverts, Schweden (Abb. 59 u. 92 bis 93).

Abb. 57. Kondensator von 32,2 BkW, 380 V, 50 Hertz, 1 phasig, der den Leistungsfaktor einer Fabrik von 0,6 auf 0,97 erhöht. Der Gesamtstrom wird von 228 A auf 132 herabgesetzt, d. h. eine Stromersparnis von 42% erzielt.

Die ganze Anlage, einschließlich Schalter, Transformator und Installationskosten macht sich allein aus der Ersparnis an Stromkosten in etwa 20 Monaten vollständig bezahlt (Haefely, Basel).

Hier sind die aus dünnen Metallfolien mit Zwischenlagen aus imprägniertem Papier bestehenden Kondensatorenelemente in vollkommen zugeschweißten langen Hohlkörpern, welche mit einem Spezialölcompound gefüllt sind, untergebracht. Die Durchführungen befinden sich im Deckel des Rohres und sind mit Asphalt oder für höhere Spannungen mit einer patentierten Gummibleipackung abgedichtet, so daß der ganze Kondensator und das Imprägniermittel hermetisch eingekapselt wird.

Abb. 58. Starkstromkondensator zur Verbesserung des Leistungsfaktors (Lorenz, Berlin).

Diese Kondensatorenzylinder werden für Spannungen von 220 bis 11000 V ausgeführt und in eisernen Gestellen zu Aggregaten von gewünschter Größe, d. h. Kapazität, zusammengebaut (Abb. 59, 92 u. 93). Je vier solcher Einzelkondensatoren — zu einer Gruppe zusammengefaßt —, werden normalerweise mit einer Schmelzsicherung geschützt. Diese kann natürlich in Fortfall kommen, wenn andere Vorrichtungen zum Schutze des Apparates — z. B. Ölschalter mit Überstromrelais — vorhanden sind.

Auch bei diesen Kondensatorentypen werden einzelne Gruppen bei Verwendung in Drehstromnetzen in Stern- oder Dreieckschaltung vereinigt (Abb. 70 u. 71). Die Ein- und Ausschaltung der Sieverts-Kondensatoren sowie ihr Kurzschließen und Erden beim Ausschalten zwecks Entladung geschieht mittels Spezialtrennschalter, welche mit Entladungswiderständen ausgerüstet sind.

*

Die Entwicklung der Kondensatoren während der letzten drei Jahre zeigt, daß ihre Bedeutung als Mittel zur Phasenkompensation täglich zunimmt, diejenige der rotierenden Phasenschieber (Phasenkompensatoren) bis zu Leistungen von ca. 150 BkW aber zurückgeht. Untersucht man diese nicht wegzuleugnende interessante Tatsache kritisch, so ergibt sich folgendes:

Unter den Mitteln zur Leistungsfaktorverbesserung werden naturgemäß diejenigen die größte Beachtung erlangen, welche mit möglichst geringen Verlusten arbeiten, preiswert sind, keinerlei Wartung bedürfen und als Hauptsache: welche keine Veränderung der Betriebsverhältnisse bedingen, also die

Beibehaltung der vorhandenen einfachen Drehstrom-Asynchronmotoren gestatten.

b) Vorteile.

Diesen Bedingungen werden nun tatsächlich Kondensatoren am ersten gerecht, denn

Abb. 59. Drehstromkondensator 325 BkW, 6300 V, 50 Hertz (Sieverts, Schweden).

1. sie haben nur sehr geringe Verluste (0,2 bis 1% des kompensierten Effekts); der niedrige Wert gilt für hohe Spannungen, der hohe für niedrige), was für den Dauerbetrieb von großer Bedeutung ist;

2. sie erfordern im Betriebe keinerlei Wartung, was gegenüber rotierenden Phasenschiebern eine Ersparnis bedeutet;
3. sie besitzen keine der Abnutzung unterworfenen Teile;
4. es besteht die Möglichkeit des nachträglichen Einbaues in jede vorhandene Anlage;

Abb. 60. Phasenschieberkondensatoren in einem Gerüst vereinigt (Siemens-Schuckert, Berlin).

Abb. 61. Niederspannungskondensator, 20 BkW, 380 V Drehstrom (Meirowsky, Porz a. Rhein).

5. sie besitzen keine beweglichen Teile, sind also äußerst betriebssicher;
6. sie können aus kleinen Einheiten — der jeweils erforderlichen Verbraucherleistung entsprechend — zu Gruppen zusammengesetzt werden;
7. eine durch Erweiterung des Betriebes bedingte Vergrößerung des Kompensationsmittels kann durch nachträgliche Ergänzung der Kondensatorenbatterie erfolgen;

Abb. 62. Kondensatorenbatterie 180 BkW, 6000 V, bestehend aus 21 Einheiten von je 8,6 BkW, (Meirowsky, Porz a. Rhein).

8. sie ermöglichen die Beibehaltung der einfachen Drehstrommotoren, deren großer Vorteil ja gerade in ihrer außerordentlich leichten Bedienungsweise besteht und vermeiden die zur Leistungsfaktorverbesserung notwendige Auswechslung gegen kompensierte Motoren, was aber für den Konsumenten eine große Ersparnis bedeutet;

Abb. 63. Kondensatorenbatterie von 70 BkW für Drehstrom 220 V, (Meirowsky, Porz a. Rhein).

Abb. 64. Kondensatorenbatterie von 30 BkW für eine Drehstromanlage 220 V, (Meirowsky, Porz a. Rhein).

9. es besteht die Möglichkeit der Kompensierung der nacheilenden Blindleistung direkt am Orte ihres Entstehens, da Kondensatoren bis zu kleinsten Leistungen hergestellt werden und dadurch eine gute Anpassung des Kompensationsmittels für jede Größe des zu kompensierenden Motors oder sonstigen induktiven Stromverbrauchers gewährleisten;

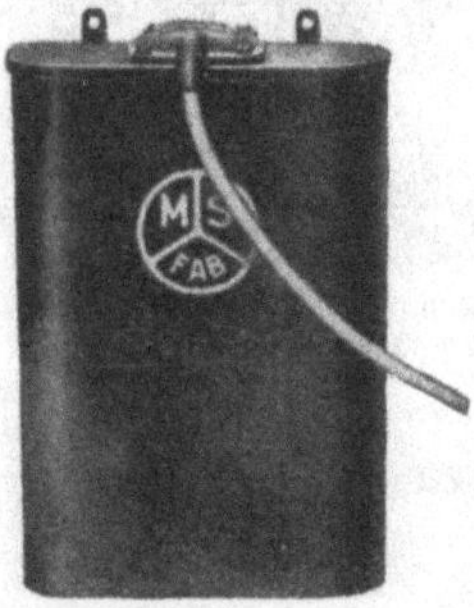

Abb. 65. Einphasen-Starkstrom-Kondensator 8,5 BkW, 500 V, 50Hertz (Sieverts, Schweden).

Abb. 66. Drehstrom-Starkstrom-Kondensator 6 BkW, 380 V, 50 Hertz (Sieverts, Schweden).

10. es werden im Gegensatz zu rotierenden Phasenschiebern keine Fundamente für die Aufstellung von Kondensatoren benötigt, so daß weder bei Neuanlagen noch bei Erweiterungen Kosten hierfür entstehen.

c) Nachteile.

Allen diesen Vorteilen stehen aber auch etliche Nachteile gegenüber, welche nicht unerwähnt bleiben sollen. Kondensatoren haben zum mindesten einen eben so großen Platzbedarf wie rotierende Phasenschieber. Sie sind relativ teuer, was allerdings durch ihre anderen Vorteile im Betriebe wieder ausgeglichen wird. Kondensatoren gestatten keine gleichmäßige Regulierung des Leistungsfaktors bei sich ändernden Betriebsbedingungen, wie es jedoch bei allen anderen vorgenannten Phasenkompensationsmitteln möglich ist. Weiter bedeuten die oft sehr hohen — durch die ruhende Lage der

Kondensatoren äußerlich nicht erkennbaren — statischen Ladungen bei zufälliger Berührung Lebensgefahr.

Indessen reichen diese Nachteile nicht aus, um die stets größer werdende Bedeutung der Kondensatoren für die Leistungsfaktorverbesserung herabzumindern. — Mit Rücksicht auf die Wichtigkeit der Kondensatoren als Phasenschieber bei Leistungen bis ca. 150 BkW — welche ja das Gros aller Fälle darstellen —, seien hier noch etliche ergänzende Bemerkungen über Anschlußart und Dimensionierung derselben gemacht.

Abb. 67. Normales Kondensatorgestell für 6 Micafil-Kondensatoren zu je 30 BkW, 750 V, mit betriebsfertig eingebauten Verbindungsleitungen und Sicherungen für jeden Kondensator.

d) Schaltung.

Da Kondensatoren — wie bereits ausgeführt — einen voreilenden (also kapazitiven) Blindstrom aufnehmen bzw. einen nacheilenden (also induktiven) Blindstrom, wie er von induktiven Stromverbrauchern benötigt wird, abgeben können, genügt einfache Parallelschaltung mit den jeweiligen Blindstrom benötigenden Apparaten, um deren Leistungsfaktor zu

Abb. 67a. Kondensatorenbatterie 1100 BkW, 600 V, 50 Hertz, bestehend aus individuell abgesicherten Kondensatorelementen in Spezialtraggestellen (Micafil, Zürich).

verbessern. Und zwar kann entweder entsprechend Abb. 72 der Kondensator direkt mit den Klemmen des zu kompensierenden Motors oder sonstigen Apparates verbunden oder aber nach Abb. 73 an die Sammelschiene gelegt werden. Im ersteren Falle stellt Motor und Kondensator eine Einheit dar, und es genügt für beide die normale Motorschutzsicherung.

Abb. 68. Drehstrommotor, kompensiert durch einen Starkstromkondensator. (Micafil, Zürich.) Dieses Bild veranschaulicht besonders klar die außerordentliche Einfachheit der Montage und des Anschlusses von Kondensatoren.

Im zweiten Falle muß der Kondensator einen besonderen Schalter und Sicherungen erhalten. Hierbei ist zu beachten, daß die Schmelzeinsätze mit Rücksicht auf den Einschaltstromstoß mindestens für den 2,5fachen Normalstrom des Kondensators bzw. der Batterie zu bemessen sind. An Stelle des Schalters mit Sicherungen kann auch ein Spezialautomat zur Ein- und Ausschaltung der Kondensatoren Verwendung

Abb. 68 a. Hochspannungs-Kondensatoren-Batterie mit darüber montierten Sicherungen 200 BkW, 8800 V, 50 Hertz (Micafil, Zürich).

finden. Eine solche Einrichtung mit Motorschutzschalter bietet bei Anschluß von größeren Blindleistungen gewisse installationstechnische Vorteile (Abb. 74). So kann z. B. der Maximalauslösestrom vermittels einer thermisch wirkenden Auslöseverzögerung mit ausreichender Zeitstaffelung auf einen Wert eingestellt werden, der nur etwa 20% höher ist als der normale Betriebsstrom der Batterie.

Den idealsten Fall der Phasenkompensation hat man dann, wenn der Magnetisierungsstrom für die einzelnen induktiven Verbraucherapparate am Orte seines Entstehens erzeugt wird, wenn also alle Leitungen — und damit auch die Zähler — von der Beförderung der Blindleistung und alle Transformatoren von der Belastung mit dieser befreit werden (Abb. 72 u. 76).

In den weitaus meisten Fällen ist es jedoch vom rein wirtschaftlichen Standpunkt aus nicht zweckmäßig, wahllos alle Maschinen bis zu den kleinsten Größen herunter zu kompensieren, d. h. jedem Motor einen Kondensator zuzuordnen, denn alle Motoren eines Betriebes sind z. B. nie gleichzeitig in Betrieb, weshalb keine stete Ausnutzung evtl. aufgestellter Kondensatoren stattfindet, was unrationell ist. Zweckmäßiger ist, die Motoren in Gruppen zusammenzufassen und diese jeweils mit einem Kondensator größerer Leistung auszurüsten.

Weiter ist von Wichtigkeit, daß sich der Preis für mehrere kleine Kondensatoren höher stellt als eine große Einheit gleicher Leistung.

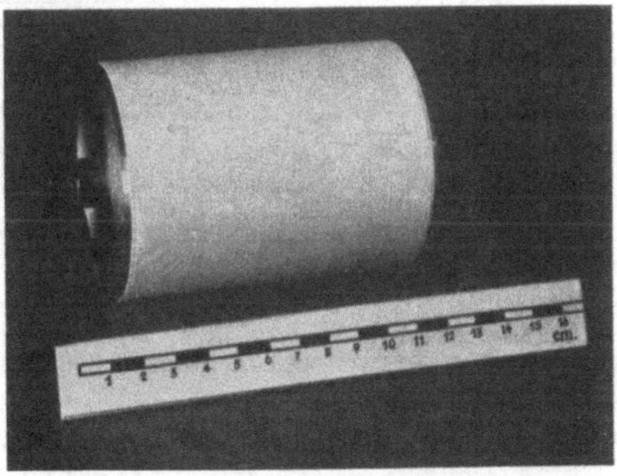

Abb. 69. Kondensatorenelement (Haefely, Basel).

Es ergibt sich also, daß die Bestimmung des Anschlußpunktes von Kondensatoren an das Netz eine fast rein wirtschaftliche Aufgabe ist, die von Fall zu Fall nur mit genauester Kenntnis der örtlichen Betriebsverhältnisse richtig gelöst werden kann.

e) Hoch- oder niederspannungsseitiger Anschluß.

Bei der Entscheidung, ob ein Kondensator für Hoch- oder Niederspannung gewählt werden soll, muß man die Verluste in den Transformatoren und Leitungen sowie die große Bemessung dieser Teile bei hochspannungsseitiger Anschlußart einerseits (Abb. 75) und die durch die Wahl eines kleineren Transformators und schwächerer Leiterquerschnitte erreichte Ersparnis an Anlagekosten bei niederspannungsseitigem Anschluß anderseits berücksichtigen (Abb. 76). — Es ergibt sich dann in der Überzahl der Fälle, daß sich die Aufstellung des teueren Niederspannungskondensators günstiger gestaltet als die hochspannungsseitige Kompensation.

Durch die Abb. 75 u. 76 wird das hier Gesagte noch besser erklärt. Erstere zeigt eine Anlage, in der das Fließen des Arbeits- und Blindstromes vom Generator über Fernleitung und Transformator zum Verbraucher dargestellt ist.

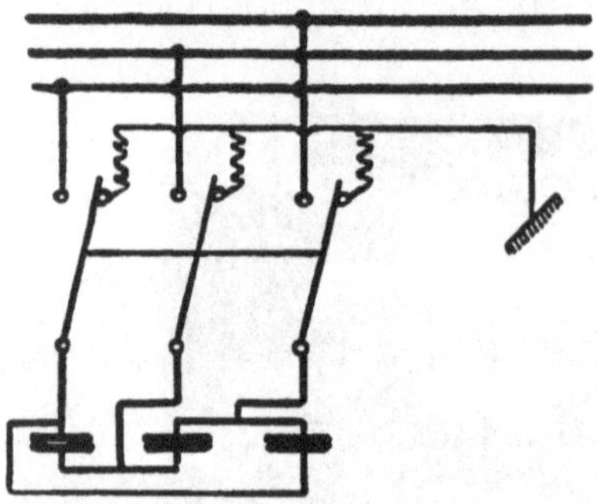

Abb. 70. Kondensatoren Dreieckschaltung mit Erdungsschaltern.

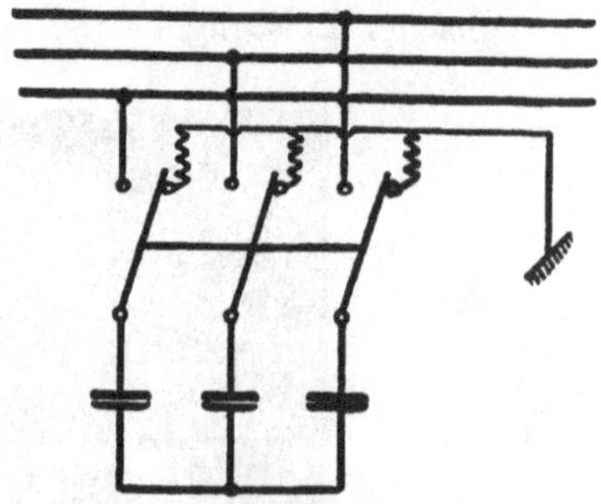

Abb. 71. Kondensatoren in Sternschaltung mit Erdungsschaltern.

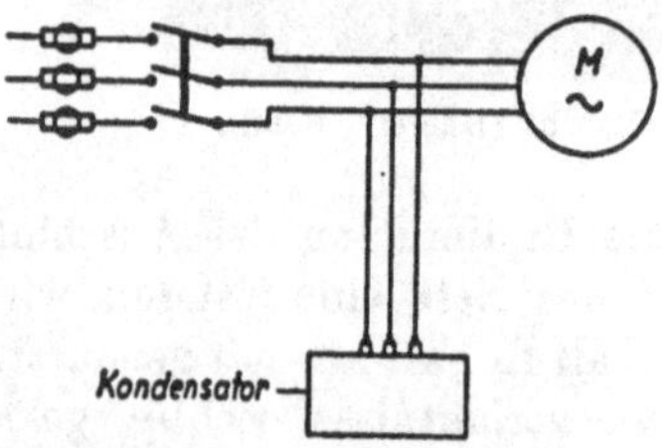

Abb. 72. Direkter Anschluß eines Kondensators an einen Drehstrommotor.

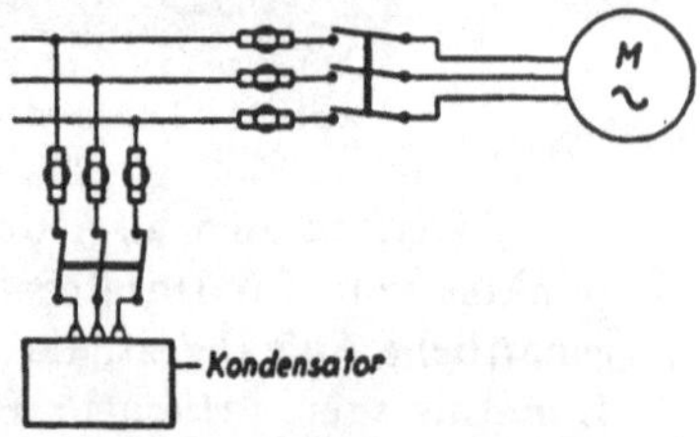

Abb. 73. Indirekter Anschluß eines Kondensators an einen Drehstrommotor.

In Abb. 76 ist dieselbe Anlage gezeigt, indessen mit dem Unterschied, daß ein niederspannungsseitig angeschlossener Kondensator den Blindstrom erzeugt und somit Generator, Transformator und Leitungen bedeutend kleiner bemessen sind, da kein Blindstrom mehr vom Generator geliefert und über die Leitungen transportiert werden muß.

Aus dieser Gegenüberstellung ist leicht ersichtlich, daß Kondensatoren in der Mehrzahl der Fälle am zweckmäßigsten

Abb. 74. Kondensatorenbatterie, fertig montiert, mit Motorschutzschaltern ausgerüstet (Hydrawerk, Berlin).

auf der Niederspannungsseite angeschlossen werden (Abb. 76 u. 77). Dazu kommt noch, daß man Niederspannungskondensatoren in jedem Betriebsraume aufstellen kann, während für Hochspannungskondensatoren besondere Räume erforderlich sind, die evtl. sogar erst neu errichtet werden müssen.

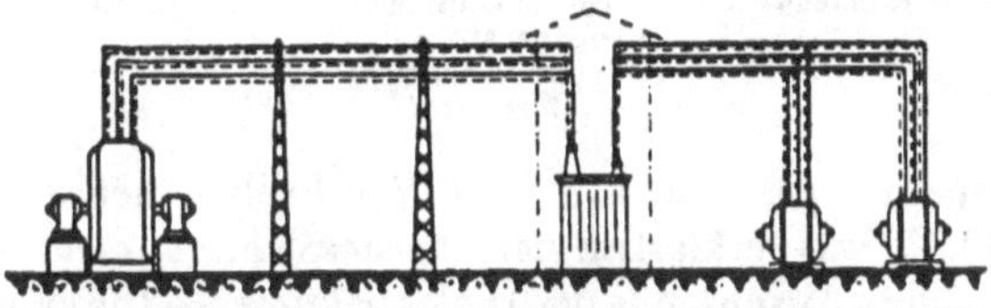

Abb. 75. Schematische Darstellung einer Anlage mit getrennter Wirk- und Blindstromführung ohne Kompensation.

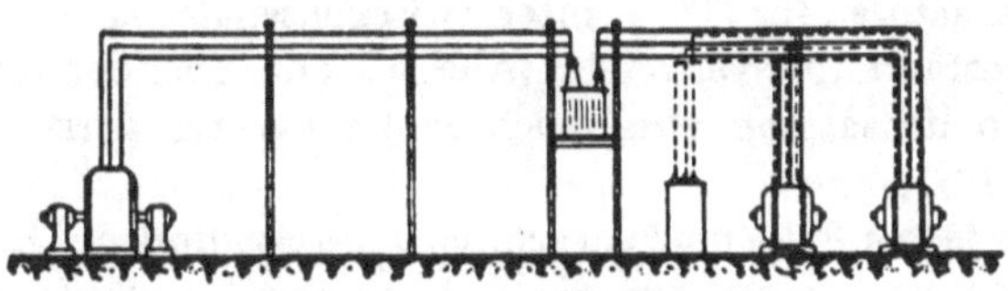

Abb. 76. Schematische Darstellung einer Anlage mit niederspannungsseitig angeschlossenem Kondensator.

Hochspannungsseitiger Anschluß kann in manchen Fällen für den Abnehmer dann günstiger sein, wenn das Elektrizitätswerk die Blindkilowattgebühren auf Grund hochspannungsseitig angeschlossener Zähler berechnet und wenn die Anschaffungskosten für Niederspannungskondensatoren gegenüber solchen für Hochspannung um sehr viel höher sind.

Kondensatoren sind nämlich preislich sehr stark von der Betriebsspannung abhängig. Ihre Herstellungskosten sind für

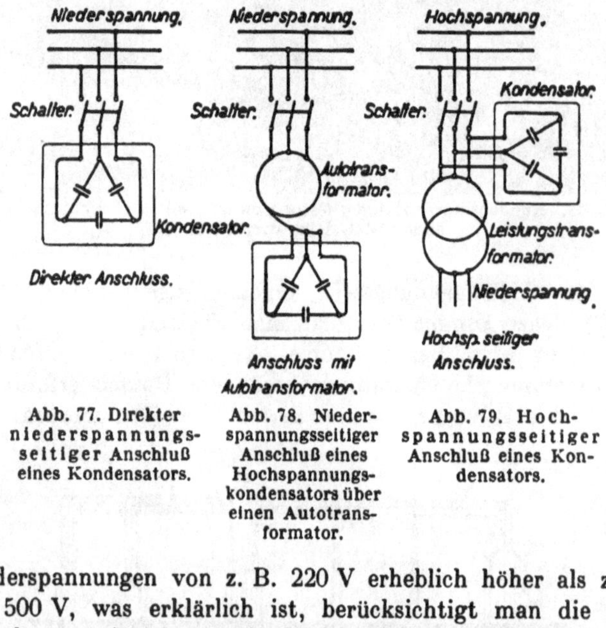

Abb. 77. Direkter niederspannungsseitiger Anschluß eines Kondensators.

Abb. 78. Niederspannungsseitiger Anschluß eines Hochspannungskondensators über einen Autotransformator.

Abb. 79. Hochspannungsseitiger Anschluß eines Kondensators.

Niederspannungen von z. B. 220 V erheblich höher als z. B. für 500 V, was erklärlich ist, berücksichtigt man die verschieden gute Ausnutzung des Dielektrikums. — Die günstigsten Spannungen liegen oberhalb von 600 V.

Man hat aus diesem Grunde schon oft in 220 V-Anlagen Kondensatoren für 600 V unter Zwischenschaltung eines Reguliertransformators verwendet (Abb. 78) oder aber den Anschluß der Kondensatoren eben hochspannungsseitig vorgenommen (Abb. 79).

In jedem Falle muß ein sehr genaues Studium der Betriebsverhältnisse erfolgen, um die wirklich zweckmäßigste Art des Anschlusses zu ermitteln.

f) Dimensionierung.

Hinsichtlich der Bemessung eines Kondensators oder einer sonstigen Phasenkompensations-Einrichtung muß bemerkt werden, daß eine allen Verhältnissen Rechnung tragende Regel nicht gegeben werden kann, was einleuchtet, bedenkt man, wie verschieden die jeweils an einem Orte geltenden Blindstromtarife lauten und wie unterschiedlich die in jedem einzelnen Falle anders gearteten Betriebsverhältnisse sind.

Allgemein wäre folgendes zu sagen:

Es ist nicht notwendig und wirtschaftlich, wahllos alle Motoren bis zu den kleinsten Leistungen herunter zu kompensieren. Vielmehr ist es vorteilhafter, nur die relativ großen Motoren einer Anlage und unter diesen wiederum nur die mit der höchsten Betriebsstundenzahl zu kompensieren. In diesem Falle ist dann die Kondensatorenleistung so groß zu wählen, daß bei Vollast ein Leistungsfaktor von 0,9 bis 0,95 erreicht wird, da dann auch bei beliebiger Teillast mit einem noch genügend günstigen $\cos \varphi$ zu rechnen ist. — Da von den meisten Elektrizitätswerken als untere Grenze $\cos \varphi = 0{,}8$ festgelegt ist, würde eine Kompensation über den Wert von 0,95 bei Vollast hinaus unzweckmäßig sein, ja sogar Verschwendung bedeuten, sofern keine Vergütung hierfür seitens der Elektrizitätswerke gewährt wird.

Um zu zeigen, wie eine jeweils erforderliche Kondensatorenblindleistung errechnet werden kann, seien nachfolgend einige Beispiele angeführt:

Man bedient sich hierbei der eingangs genannten Beziehung, daß sich die — mittels Volt- und Amperemeter in kVA gemessene — Scheinleistung einer Anlage aus der mit dem Wattmeter gemessenen Wirkleistung und der um 90^0 nacheilenden Blindleistung zusammensetzt (Abb. 9).

Daraus ergab sich:

1. Scheinleitung (kVA) $= U \cdot J \cdot \sqrt{3}$;
2. Wirkleistung (kW) $= U \cdot J \cdot \sqrt{3} \cdot \cos \varphi$;
3. Blindleistung (BkW) $= U \cdot J \cdot \sqrt{3} \cdot \sin \varphi$;
4. $\dfrac{\text{Wirkleistung}}{\text{Scheinleistung}} = \dfrac{U \cdot J \cdot \sqrt{3} \cdot \cos \varphi}{U \cdot J \cdot \sqrt{3}} = \cos \varphi$;
5. $\dfrac{\text{Blindleistung}}{\text{Wirkleistung}} = \dfrac{U \cdot J \cdot \sqrt{3} \cdot \sin \varphi}{U \cdot J \cdot \sqrt{3} \cdot \cos \varphi} = \dfrac{\sin \varphi}{\cos \varphi} = \operatorname{tg} \varphi$.

g) Rechnungsbeispiele.

Beispiel 1. Der Leistungsfaktor eines normalen offenen Drehstrommotors von 45 kW bei 380 V und 1000 U/min ist bei Vollast = 0,87. Diesem Wert entspricht ein Phasenverschiebungswinkel φ von ca. $29^0\,30'$. Nach der vorstehend zuletzt genannten Beziehung wird das Verhältnis von Blindleistung zu Wirkleistung durch tg φ ausgedrückt. Dieser Wert ist bei einem Winkel $\varphi = 29^0\,30' =$ rd. 0,565. Demnach ist die vom Motor aufgenommene Blindleistung:

$$N_B = N_W \cdot \operatorname{tg}\varphi = 45 \cdot 0{,}565 = \mathbf{25{,}4\ BkW.}$$

Soll nun der cos φ von 0,87 auf 0,95 verbessert werden, so darf der maximale Blindleistungsverbrauch nur betragen:

$$N_{B1} = N_W \cdot \operatorname{tg}\varphi_1;$$

φ_1 ist aber bei $\cos\varphi_1 = 0{,}95$ ca. $18^0\,10'$; dementsprechend $\operatorname{tg}\varphi_1 = 0{,}328$; somit

$$N_{B1} = 45 \cdot 0{,}328 = \mathbf{14{,}8\ BkW.}$$

Es muß also die Differenz zwischen der vom Motor benötigten und der höchstens zulässigen Blindleistung von einem Kondensator oder auch Phasenkompensator geliefert werden. Der in diesem Falle erforderliche Kondensator muß demnach für $N_{B1} = 25{,}4 - 14{,}8 =$ ca. 10 BkW dimensioniert sein.

Die hier gezeigte Lösung kann auch ohne trigonometrische Beziehungen ermittelt werden, wie nachfolgendes Beispiel zeigen mag.

Beispiel 2. Ein induktiver Stromverbraucher von 60 kW Aufnahme hat einen cos $\varphi = 0{,}6$. Dieser soll auf 1 verbessert werden, d. h. die vom Motor aufgenommene Blindleistung soll = Null, also die Wirkleistung gleich der Scheinleistung sein. Mit Hilfe der früher kennengelernten „geometrischen" Beziehungen ergibt sich aus Abb. 80 nach dem pythagoräischen Lehrsatz die zur Kompensation erforderliche Blindleistung:

$$N_B = \sqrt{N_S^2 - N_W^2} = \sqrt{\left(\frac{N_W}{\cos\varphi}\right)^2 - N_W^2} = \sqrt{\left(\frac{60}{0{,}6}\right)^2 - 60^2}$$
$$= \mathbf{80\ BkW.}$$

Beispiel 3. Soll jedoch in der vorbesprochenen Anlage anstatt auf cos $\varphi = 1$, nur auf cos $\varphi = 0{,}8$ kompensiert werden, so ergibt sich aus Abb. 81 die zur Kompensation erforderliche Blindleistung wie folgt:

Die von der Anlage benötigte Wirkleistung sei N_W; 90⁰ nacheilend verschoben ist die bei $\cos \varphi_1 = 0{,}6$ aufgenommene Blindleistung N_{B1} angetragen. Die resultierende Leistung ist die Scheinleistung N_{S1}. Nach Art des Beispiels 1 läßt sich nun die Blindleistung errechnen.

$$N_{B1} = \sqrt{N_{S1}^2 - N_W^2} = \sqrt{\left(\frac{N_W}{\cos \varphi_1}\right)^2 - N_W^2}.$$

Da jedoch bei dem geforderten $\cos \varphi_2 = 0{,}8$ der Verschiebungswinkel nur rund 36^0 beträgt, also kleiner als $\varphi_1 = 53^0$

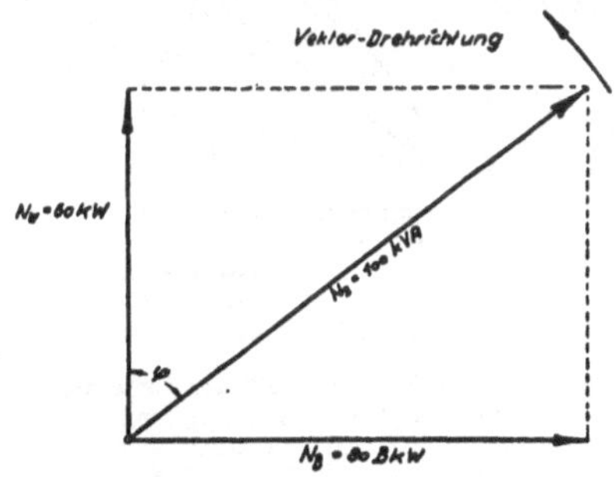

Abb. 80. Geometrische Addition von Wirk- und Blindleistung.

ist, muß auch die Schein- und Blindleistung geringer sein. Soll der verlangte $\cos \varphi_2 = 0{,}8$ erreicht werden, so darf die aufgenommene Blindleistung nur betragen:

$$N_{B2} = \sqrt{N_{S2}^2 - N_W^2} = \sqrt{\left(\frac{N_W}{\cos \varphi_2}\right)^2 - N_W^2}.$$

Die Differenz zwischen der bei $\cos \varphi_1 = 0{,}6$ aufgenommenen Blindleistung N_{B1} und der bei $\cos \varphi_2 = 0{,}8$ benötigten N_{B2} stellt die zu kompensierende, d. h. in diesem Falle die von Kondensatoren zu liefernde Blindleistung N_{B3} dar. Rechnerisch ergibt sich somit:

$$N_{B3} = \sqrt{\left(\frac{N_W}{\cos \varphi_1}\right)^2 - N_W^2} - \sqrt{\left(\frac{N_W}{\cos \varphi_2}\right)^2 - N_W^2}$$

$$N_{B3} = \sqrt{\left(\frac{60}{0{,}6}\right)^2 - 60^2} - \sqrt{\left(\frac{60}{0{,}8}\right)^2 - 60^2} = \mathbf{35\ BkW}.$$

Während die vorstehenden Beispiele die Kompensation nur eines Stromverbrauchers — also der Abb. 72 entsprechend — behandeln, soll nachfolgendes Beispiel die Errechnung der erforderlichen Blindleistung für ein Röhrenwalzwerk mit ca. 30 Motoren von 0,5 bis 30 kW Leistung zeigen.

Beispiel 4. Die Ablesung des Blindverbrauchszählers einer Anlage ergab für einen Monat den Wert von 14720 BkWh.

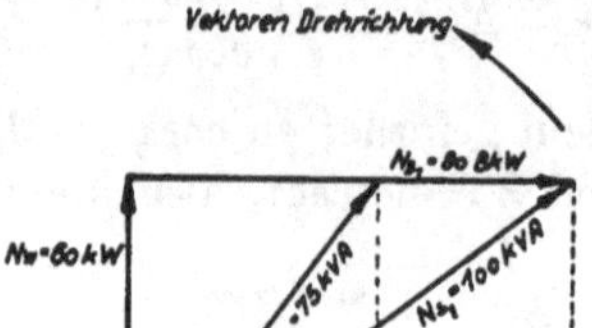

$\cos\varphi_2 = 0{,}8 \; (\varphi_2 = 36°50')$
$\cos\varphi_1 = 0{,}6 \; (\varphi_1 = 53°)$

Abb. 81. Abhängigkeit der Schein-, Wirk- und Blindleistung vom Leistungsfaktor.

Unter Berücksichtigung einer 17stündigen Betriebsdauer der Motoren am Tage, bei 25 Werktagen im Monat, ergibt sich ein Durchschnittsverbrauch von

$$N_B = \frac{14720}{17 \cdot 25} = \frac{\text{BkWh}}{\text{h}} = \mathbf{34{,}5\ BkW}$$

Blindkilowatt. Weiter wurden für denselben Monat mit einem Wattstundenzähler (welcher nur den Wirkverbrauch registriert!) insgesamt 11424 Wirkkilowattstunden gemessen, was einem Durchschnittsverbrauch von

$$N_W = \frac{11424}{17 \cdot 25} = \frac{\text{kWh}}{\text{h}} = \mathbf{26.8\ kW}$$

entspricht.

Hieraus errechnet sich der mittlere Leistungsfaktor wie folgt:

$$\frac{N_B}{N_W} = \frac{\text{BkW}}{\text{kW}} = \operatorname{tg}\varphi = \frac{34{,}5}{26{,}8} = \mathbf{1{,}29};$$

daraus $\cos\varphi = 0{,}61$. Soll nun der Leistungsfaktor auf $\cos\varphi_1 = 0{,}85$ — entsprechend $\operatorname{tg}\varphi_1 = 0{,}62$ — verbessert werden, so darf der maximale Blindleistungsverbrauch der gesamten angeschlossenen Motoren nur betragen:

$$N_{B1} = N_W \cdot \operatorname{tg}\varphi_1 = 26{,}8 \cdot 0{,}62 = \mathbf{16{,}6\ BkW.}$$

Der tatsächliche Blindleistungsverbrauch beträgt aber im Mittel 34,5 BkW (entsprechend den Angaben des Blindverbrauchszählers); demnach ist die zu kompensierende Blindleistung:

$$N_{B2} = N_B - N_{B1} = 34{,}5 - 16{,}6 = 17{,}9 = \text{ca. } \mathbf{18\ BkW.}$$

Da sich nun aber die als Mittelwerte aus den Angaben der Zähler errechneten Leistungen bei wechselnden Betriebsbedingungen ändern, also der Leistungsfaktor $\cos\varphi$ noch einen kleineren Wert annehmen kann, muß eine Reserve bei Bemessung der Blindleistung vorgesehen werden, soll ein bestimmter Wert des Leistungsfaktors nicht unterschritten werden.

Im vorliegenden Falle, welcher der Praxis entnommen ist, wurde eine Kondensatorenbatterie von insgesamt 25 BkW, in Einheiten von 5 BkW unterteilt, aufgestellt. — Der nach Kompensierung der Anlage erreichte Zustand entsprach der Berechnung, d. h. der Leistungsfaktor kam bei ungünstigster Belastung sowie bei zeitweise starker Überlast bis zu 40 kW nie unter den verlangten Wert $\cos\varphi = 0{,}85$ und hatte sonst einen Mittelwert von $\cos\varphi = 0{,}9$.

Verhältnisse, wie im vorstehenden Beispiel angeführt, werden in der Praxis außerordentlich oft anzutreffen sein. In den weitaus meisten Fällen ist infolge Fehlens eines Leistungsfaktormessers die Höhe des $\cos\varphi$ nicht genau bekannt. Auch ist nicht immer ein Blindzähler eingebaut, so daß die Errechnung der herrschenden Phasenverschiebung nach vorgenannter Art auch nicht möglich ist. Um in einem solchen Falle die zur Feststellung der Kondensatoren-Blindleistungen erforderlichen Angaben über den Leistungsfaktor einer Anlage zu erhalten, mißt man Strom und Spannung, woraus sich die Scheinleistung ergibt, und weiter stellt man mit einem Wattmeter — oder in Ermangelung eines solchen mit einem Kilowattstundenzähler — die Wirkleistung fest. Daraus ergibt sich dann wie bereits früher angeführt:

$$\cos\varphi = \frac{\text{Wirkleistung}}{\text{Scheinleistung}} = \frac{\text{Watt}}{\text{Volt}\cdot\text{Amp.}\cdot\sqrt{3}} = \frac{U\cdot J\cdot\sqrt{3}\cdot\cos\varphi}{U\cdot J\cdot\sqrt{3}} = \cos\varphi.$$

Beispiel 5. Für die Belieferung einer Zuckerfabrik mit elektrischer Energie findet ein Turbogenerator mit einer Nennleistung von 775 kW bei $\cos\varphi = 0{,}8$ entsprechend $\frac{775}{0{,}8} =$ 970 kVA, Verwendung. Die anfänglich sehr günstigen Betriebsbedingungen änderten sich im Laufe der Zeit infolge Neu-

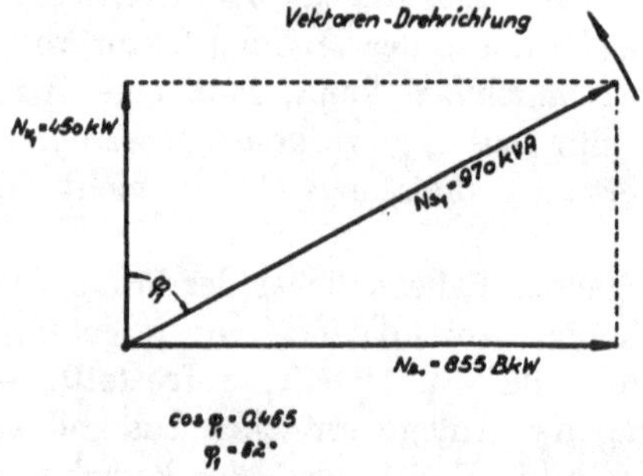

Abb. 82. Vektorendiagramm zur Kennzeichnung der Wechselbeziehungen zwischen Schein-, Wirk- und Blindleistung in Abhängigkeit vom Leistungsfaktor.

aufstellung vieler kleiner Motoren sehr zum Nachteil der wirtschaftlichen Ausnutzung der Anlage. Eine Messung ergab folgende Werte:

Gesamtwirkleistung: $N_{w1} = 450$ kW;

Gesamtscheinleistung: $N_{s1} = 970$ kVA;

dementsprechend der

$$\cos\varphi_1 = \frac{N_{w1}}{N_{s1}} = \frac{450}{970} = 0{,}465.$$

Da nun eine weitere Steigerung der Wirklast zu erwarten war, aber schon unter den jetzigen Verhältnissen die Erregerleistung nicht mehr ausreichte, mußte der Generator von der Abgabe von Blindleistung befreit werden, um eine größere Wirkleistung hergeben zu können, d. h. nach Abb. 82 muß der

Vektorenpfeil für die Scheinleistung nach links gedrückt werden, wodurch der Größenwert für die Blindleistung fällt, für die Wirkleistung aber steigt.

In dem geschilderten Zustand der Anlage betrug die dem Generator entnommene Blindleistung nach Abb. 82:

$$N_{B1} = N_{S1} \cdot \sin \varphi_1;$$

dem $\cos \varphi_1 = 0{,}465$ entspricht ein $\sin \varphi_1 = 0{,}88$; dementsprechend:

$$N_{B1} = 970 \cdot 0{,}88 = \mathbf{855\ BkW.}$$

Um das angestrebte Ziel, d. h. Entlastung des Generators von Blindleistung und damit Verbesserung des Wirkungs-

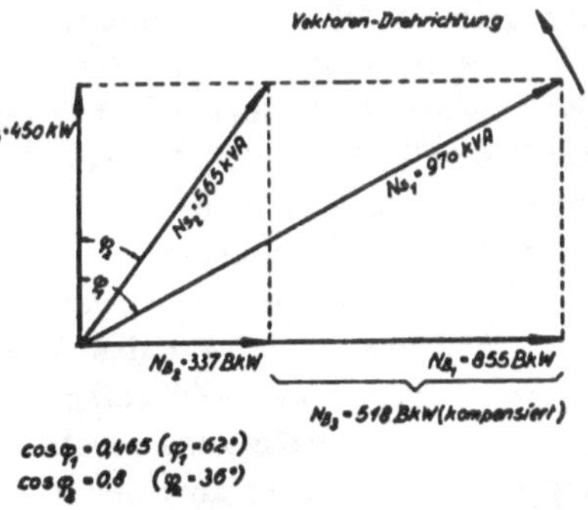

Abb. 83. Vektorendiagramm für die wechselnden Leistungsverhältnisse bei sich änderndem cos φ.

grades der Gesamtanlage zu erreichen, wurde beschlossen, eine Phasenkompensationseinrichtung einzubauen, welche eine so große Blindleistung zur Erregung der Motoren abzugeben in der Lage ist, daß der cos φ im Mittel auf 0,8 gehalten werden kann. Der Wert der erforderlichen Blindkilowatt ergab sich nach Abb. 83 wie folgt:

$$N_{B3} = \sqrt{\left(\frac{N_{W1}}{\cos \varphi_1}\right)^2 - N_{W1}^2} - \sqrt{\left(\frac{N_{W1}}{\cos \varphi_2}\right)^2 - N_{W1}^2} =$$

$$= \sqrt{\left(\frac{450}{0{,}465}\right)^2 - 450^2} - \sqrt{\left(\frac{450}{0{,}8}\right)^2 - 450^2} =$$

$$= \sqrt{734000} - \sqrt{114000} = 856 - 338 = \mathbf{518\ BkW.}$$

Mit diesen rechnerisch ermittelten Werten stimmen die Angaben der Tabelle auf S. 81 überein, denn es ergibt sich:

$$N_{B3} = N_{W1} \cdot \frac{1,18 + 1,12}{2} = 450 \cdot 1,15 = \mathbf{518\ BkW.}$$

$$\cos \varphi_1 = 0,465 \quad (\varphi_1 = 62^0).$$

$$\cos \varphi_2 = 0,8 \quad (\varphi_2 = 36^0).$$

Im vorliegenden Falle wurde eine Kondensatorenbatterie von 524 BkW — unterteilt in 2 Einheiten à 180 BkW, 1 Einheit zu 108 und eine zu 56 BkW — zur Aufstellung gebracht. — Das erreichte Ziel entsprach in jeder Hinsicht den Vorausberechnungen, d. h. der cos φ hat im Mittel den Wert von 0,81 bis 0,83.

Beispiel 6. Die elektrische Anlage einer Druckerei arbeitet mit einem durchschnittlichen Leistungsfaktor von cos φ = 0,5, welcher Wert durch viele kleine z. T. sehr schlecht ausgenutzte Motoren bedingt ist. Die Versorgung erfolgt aus dem 3000 V-Netz eines städtischen Elektrizitätswerkes durch einen Transformator 75 kVA, 3000/220/127 V (Abb. 85). Ein für diese Anlage in Kürze neu in Kraft tretender Stromlieferungsvertrag hat folgende Klausel:

„Sofern der Leistungsfaktor den Wert cos φ = 0,8 unterschreitet, ist das EW berechtigt, auf den Vertrags-Kilowattstundenpreis einschl. Preis-Klausel-Zuschlag für jede 0,02 Verschlechterung des Leistungsfaktors bis herab zu cos φ = 0,7 einen Aufschlag von 2%, von da ab einen Aufschlag von 2% für jede 0,01 Verschlechterung zu erheben.

Sollte durch den Einbau einer Kondensatorenbatterie eine Verbesserung des Leistungsfaktors über den Wert von cos φ = 0,8 hinaus erzielt werden, so vergütet das EW auf den Kilowattstundenpreis für jede 0,02 Verbesserung 0,5%."

Dieser Umstand gab Veranlassung, die Anlage auf ihre Wirtschaftlichkeit hin zu untersuchen und den Einbau einer Leistungsfaktor-Verbesserungsanlage zu erwägen.

Durch Messung mittels Blindverbrauchszählers wurde festgestellt, daß der Leistungsfaktor im Mittel folgende Werte hatte:

Monat Juni cos φ = 0,48
„ Juli cos φ = 0,493
„ August cos φ = 0,5
„ September cos φ = 0,508.

Als Rechenwert wird hieraus cos φ = 0,5 im Durchschnitt bestimmt.

Die in einem Jahre durch die eigene Transformatorenstation von 75 kVA bezogenen Kilowattstunden betrugen 69200 kWh und verteilten sich wie folgt:

Januar	7440	Juli	5070
Februar	7350	August	5600
März	5580	September . . .	5190
April	6180	Oktober	6440
Mai	6580	November . . .	7020
Juni	5310	Dezember . . .	7540

Es ergibt sich also ein monatlicher Durchschnittsverbrauch von 5765 kWh; hieraus errechnet sich die mittlere Wirklast — wenn bei 25 Arbeitstagen im Monat eine tägliche Gesamtarbeitszeit von 8 Stunden angenommen wird —, wie folgt:

$$N_{W1} = \frac{5765}{25 \cdot 8} \frac{\text{Kilowattstunden}}{\text{Stunden}} = 28{,}9 = \sim \mathbf{30\ kW.}$$

Dieser Wert ergibt sich auch aus den Ablesungen des Hauptamperemeters, welches im Mittel 130 bis 140 A anzeigte, was einer Belastung von 28 bis 31 kW entspricht.

Aus diesen Werten ergibt sich die von der Anlage im Moment aufgenommene Blindleistung:

$$N_{B1} = N_{W1} \cdot \operatorname{tg} \varphi_1;$$

bekannt sind die Werte:

$$N_{W1} = 30\ \text{kW}; \ \cos \varphi_1 = 0{,}5;$$

daraus ergibt sich:

$$\varphi_1 = 60^0; \ \operatorname{tg} \varphi_1 = 1{,}73,$$

demnach:

$$N_{B1} = 30 \cdot 1{,}73 = \mathbf{52\ BKW.}$$

Die Scheinleistung ist demnach:

$$N_{S1} = \frac{N_{W1}}{\cos \varphi_1} = \frac{30}{0{,}5} = \mathbf{60\ kVA.}$$

Der vorhandene Transformator von 75 kVA ist also nur mit 60 kVA belastet, ist demnach nur zu 80% ausgenutzt.

Die Verhältnisse im Vektorendiagramm dargestellt, zeigt Abb. 84.

Soll nun der Leistungsfaktor $\cos \varphi$ von 0,5 auf 1 verbessert werden, so muß die gesamte von den Motoren aufgenommene Blindleistung von 52 BkW kompensiert werden. Im vorliegenden Falle wurde aber nur die Verbesserung des cos φ auf den geforderten Wert 0,8 beschlossen. Der Blindstromverbrauch darf demnach betragen:

$$N_{B2} = N_{W1} \cdot \operatorname{tg} \varphi_2; \; N_{W1} = 30 \text{ kW};$$

φ_2 bei $\cos \varphi_2 = 0{,}8$ ist 36^0; $\operatorname{tg} \varphi_2 = 0{,}726$; demnach

$$N_{B2} = 30 \cdot 0{,}726 = 21{,}8 \text{ BkW} \approx \mathbf{22\ BkW}.$$

Da die tatsächliche Blindleistungsaufnahme aber 52 BkW beträgt, muß die Differenz:

$$N_{B3} = N_{B1} - N_{B2} = 52 - 22 = \mathbf{30\ BkW}$$

durch Kondensatoren kompensiert werden (Abb. 84).

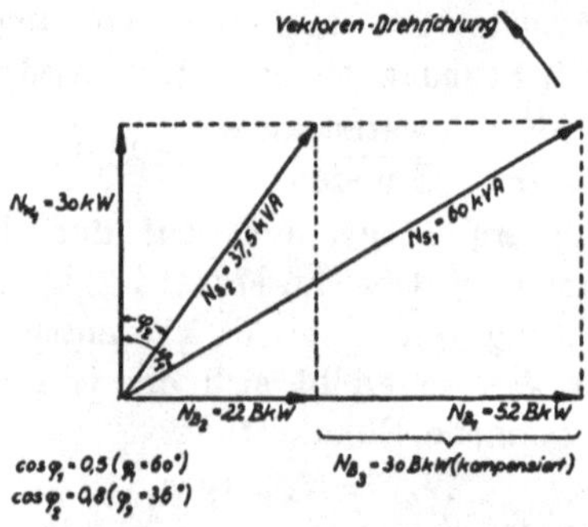

Abb. 84. Diagramm für Beispiel 6.

Mit diesem so ermittelten Werte stimmen die Angaben der Tabelle auf S. 81 überein:

$$N_{B3} = 0{,}982 \cdot N_{W1} = 0{,}982 \cdot 30 = 29{,}4 \approx \mathbf{30\ BkW}.$$

Auch die Ablesung der Kurve Abb. 86 ergibt denselben Wert, denn

$$N_{B3} = N_{W1} \cdot 1{,}0 = \mathbf{30\ BkW},$$

so daß also für ähnliche Fälle auf jede Rechnung verzichtet und der gesuchte Wert ohne weiteres aus der Tabelle bzw. Kurve entnommen werden kann.

Im vorliegenden Falle wurde für die Kompensation der Blindleistung von 30 BkW eine Kondensatorenbatterie von 2 Einheiten à 12 und 2 à 5 BkW = 34 BkW zur Aufstellung gebracht. Durch diese Überdimensionierung sollte die Gewähr gegeben sein, daß der cos φ auch bei ungünstigsten Betriebsbedingungen den Wert 0,8 nicht unterschreitet.

Die Kondensatoren wurden entsprechend dem Schaltbild Abb. 85 in die vorhandene Anlage eingefügt und erhielten eine kleine gesonderte Schalttafel, welche die für den Anschluß an das Hauptsammelschienensystem erforderlichen Apparate trug. Es kamen Überstromautomaten zur Verwendung, welche auf den 1,7fachen Betrag des Betriebsstromes der einzelnen Kondensatoren eingestellt wurden, um dem Stromstoße beim Einschalten der Kondensatoren zu entsprechen.

Um jederzeit eine genaue Kontrolle über den Betriebszustand der Anlage zu haben, wurde ein cos φ-Anzeiger eingebaut, welcher eine Signaleinrichtung, bestehend aus zwei verstellbaren Kontakten, trägt. Diese sind eingestellt auf die Werte $\cos\varphi = 0{,}8$ induktiv und $\cos\varphi = 1$. Sinkt der cos φ auf 0,8 und tiefer, so ertönt ein Alarmsignal, welches den Betriebsmann aufmerksam macht und ihn veranlaßt, entweder einen noch nicht eingeschalteten Kondensator zuzuschalten oder aber die Ursache dieser Betriebsverschlechterung aufzuspüren.

Steigt der cos φ bei schwachem Betriebe über 1, so ertönt ebenfalls ein Signal, woraufhin Kondensatoren abgeschaltet werden sollen, denn eine Kompensation über den Wert

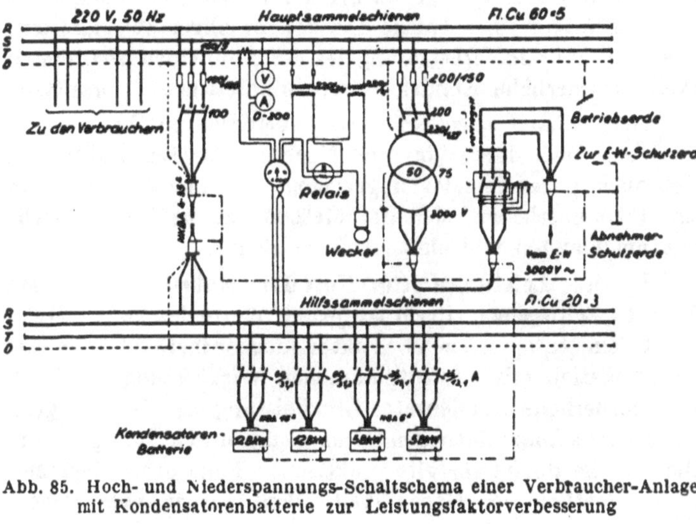

Abb. 85. Hoch- und Niederspannungs-Schaltschema einer Verbraucher-Anlage mit Kondensatorenbatterie zur Leistungsfaktorverbesserung

$\cos \varphi = 1$ hinaus ist sinnlos, da der Blindverbrauchszähler so eingerichtet ist, daß er diese Abgabe von Blindstrom in das Netz nicht mehr registriert und demnach keine Vergütung mehr stattfindet.

Die Betriebsverhältnisse der Anlage nach der Kompensation entsprachen in jeder Hinsicht der Vorausberechnung, d. h. der Leistungsfaktor hatte im Mittel den Wert $\cos \varphi = 0{,}81 - 0{,}84$, so daß also keine Strafgebühr mehr für Blindstromverbrauch an das Elektrizitätswerk gezahlt werden mußte, vielmehr eine Verbilligung des Kilowattstundenpreises eintrat.

Es ist wohl ohne weiteres einleuchtend, daß die so erzielten Ersparnisse bei einem Jahresverbrauch von 69200 kWh recht bedeutend sind und den Kapitalaufwand für die Kompensationsanlage absolut rechtfertigen. — Eine überschlägliche Berechnung ergibt, daß die Amortisation schon in 1 bis 1½ Jahren erfolgt ist.

h) Leistungsdiagramme.

Für die schnelle, überschlägliche Berechnung der zur Kompensation einer Anlage erforderlichen Kondensator-Blindleistung stehen mehrere Verfahren zur Verfügung; diese Methoden geben in Form von Kurventafeln und Tabellen mehr oder weniger klar und genau die Möglichkeit, bei bekanntem Leistungsfaktor einer Anlage und der jeweiligen Wirklast entsprechend die zur Verbesseruhg des $\cos \varphi$ auf einen bestimmten Wert erforderliche Kondensatoren-Blindleistung zu ermitteln.

Nachstehend seien einige der Verfahren gezeigt und beschrieben sowie deren Vor- und Nachteile für den praktischen Gebrauch gegeneinander abgewogen. Es bleibt dabei dem einzelnen überlassen, sich der Methode zu bedienen, welche ihm am klarsten und einfachsten erscheint.

1. Die Leistungsfaktor-Korrektionstabelle der Firma Sieverts, Schweden: Hierin ist jedem Werte des $\cos \varphi$ von 0,2 bis 1 ein entsprechender Faktor zugeordnet, welcher bei Multiplikation mit der entnommenen Wirkleistung in „kW" die erforderliche Kondensator-Blindleistung in „BkW" ergibt. Mittelwerte findet man genügend genau durch Interpolieren. Die Tabelle dürfte für alle praktischen Fälle ausreichen und ist hinsichtlich der Genauigkeit allen Kurven vorzuziehen.

Cos φ ohne Kompen-sierung	Kompensierung auf cos φ			
	1.0	0.95	0.90	0.80
0.20	4.899	4.570	4.415	3.940
0.21	4.656	4.327	4.171	3.888
0.22	4.440	4.112	3.956	3.699
0.23	4.231	3.902	3.747	3.469
0.24	4.045	3.716	3.561	3.291
0.25	3.873	3.545	3.389	3.111
0.26	3.714	3.385	3.229	2.950
0.27	3.566	3.238	3.082	2.816
0.28	3.429	3.100	2.944	2.663
0.29	3.300	2.971	2.816	2.552
0.30	3.180	2.851	2.695	2.422
0.31	3.067	2.738	2.583	2.310
0.32	2.961	2.632	2.476	2.210
0.33	2.861	2.532	2.376	2.113
0.34	2.766	2.437	2.282	2.017
0.35	2.676	2.348	2.192	1.925
0.36	2.592	2.263	2.107	1.843
0.37	2.511	2.182	2.027	1.756
0.38	2.434	2.105	1.950	1.684
0.39	2.361	2.032	1.877	1.612
0.40	2.291	1.963	1.807	1.541
0.41	2.225	1.896	1.740	1.475
0.42	2.161	1.832	1.676	1.410
0.43	2.100	1.771	1.615	1.349
0.44	2.041	1.712	1.557	1.291
0.45	1.985	1.656	1.500	1.234
0.46	1.930	1.602	1.446	1.180
0.47	1.877	1.548	1.392	1.128
0.48	1.828	1.499	1.343	1.077
0.49	1.779	1.450	1.295	1.029
0.50	1.732	1.403	1.248	0.982
0.51	1.687	1.358	1.202	0.936
0.52	1.643	1.314	1.158	0.892
0.53	1.600	1.271	1.116	0.850
0.54	1.559	1.230	1.074	0.808
0.55	1.518	1.190	1.034	0.768
0.56	1.479	1.150	0.995	0.729
0.57	1.442	1.113	0.957	0.691
0.58	1.405	1.076	0.920	0.654
0.59	1.368	1.040	0.884	0.618

Tabelle zur Ermittlung der erforderlichen Kondensator-Blindleistung für eine Leistungsfaktorkorrektion.

Die Werte der Tabelle ergeben bei Multiplikation mit der entnommenen Leistung (kW) den erforderlichen Kondensator (BkW).

Cos φ ohne Kompensierung	Kompensierung auf cos φ			
	1.0	0.95	0.90	0.80
0.60	1.333	1.005	0.849	0.583
0.61	1.299	0.970	0.815	0.548
0.62	1.266	0.937	0.781	0.515
0.63	1.233	0.904	0.748	0.482
0.64	1.201	0.872	0.716	0.450
0.65	1.169	0.841	0.685	0.419
0.66	1.138	0.810	0.654	0.388
0.67	1.108	0.779	0.624	0.358
0.68	1.078	0.750	0.594	0.328
0.69	1.049	0.720	0.565	0.298
0.70	1.020	0.692	0.536	0.270
0.71	0.992	0.663	0.507	0.241
0.72	0.964	0.635	0.480	0.214
0.73	0.936	0.608	0.452	0.186
0.74	0.909	0.580	0.425	0.158
0.75	0.882	0.553	0.398	0.132
0.76	0.855	0.527	0.371	0.105
0.77	0.829	0.500	0.344	0.078
0.78	0.802	0.474	0.318	0.052
0.79	0.776	0.447	0.292	0.026
0.80	0.750	0.421	0.266	
0.81	0.724	0.395	0.240	
0.82	0.698	0.369	0.214	
0.83	0.672	0.343	0.188	
0.84	0.646	0.317	0.162	
0.85	0.620	0.291	0.135	
0.86	0.593	0.265	0.109	
0.87	0.567	0.238	0.082	
0.88	0.540	0.211	0.056	
0.89	0.512	0.184	0.028	
0.90	0.484	0.156		
0.91	0.456	0.127		
0.92	0.426	0.097		
0.93	0.395	0.067		
0.94	0.363	0.034		
0.95	0.329			
0.96	0.292			
0.97	0.251			
0.98	0.203			
0.99	0.142			
1.00	0.			

Tabelle zur Ermittlung der erforderlichen Kondensator-Blindleistung für eine Leistungsfaktorkorrektion.

Die Werte der Tabelle ergeben bei Multiplikation mit der entnommenen Leistung (kW) den erforderlichen Kondensator (BkW).

2. Die Kurventafel der Hydrawerke, Berlin (Abb. 86), gestattet die Ermittlung der gewünschten Kondensator-Blindleistung auf recht einfache Weise. — Voraussetzung ist natürlich die Kenntnis des Leistungsfaktors sowie der effektiven Wirkleistungsaufnahme einer Anlage oder eines Motors (im letzteren Falle unter Berücksichtigung des Wirkungsgrades!).

Sind diese Daten vorhanden, so kann man die zur Kompensation eines Netzes von z. B. $\cos \varphi = 0{,}5$ auf 0,9 erforderliche Blindleistung direkt in Prozent der Wirkleistung ablesen.

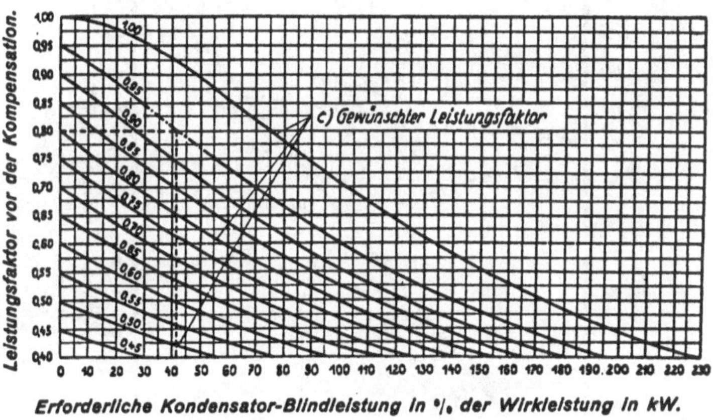

Abb. 86. Kurventafel zur Feststellung der zu einer Leistungsfaktorkorrektion erforderlichen Kondensator-Blindleitung.

Man folgt zu diesem Zwecke der wagerechten Linie, welche von dem gegenwärtigen Wert des $\cos \varphi$ ausgeht, bis zu dem Punkte, an welchem sie die Kurve des gewünschten Leistungsfaktors schneidet. Die Projektion dieses Punktes auf die wagerechte Achse ergibt die erforderliche Kondensator-Blindleistung in Prozent der vorhandenen Wirkleistung in Kilowatt.

Als Nachteil der Kurventafel wäre zu nennen, daß Zwischenwerte nur recht ungenau durch Schätzung ermittelt werden können; bei sehr großen Blindleistungen würde sich also ein geringer Ablesungsfehler recht deutlich bemerkbar machen.

3. In dem Nomogramm der Fa. Sieverts, Schweden (Abb. 87), findet man die Blindleistung N_B, mit der ein Netz bei einer bestimmten Wirk- oder Nutzleistung N_W und einem gewissen Leistungsfaktor cos φ belastet ist, durch Verbinden des Punktes A, der die jeweilige Wirkleistung des Netzes angibt, mit dem Punkte B, der dem cos φ der Anlage entspricht und durch gradliniges Verlängern dieser Verbindungslinie bis zum Punkte C auf der Linie für die Blindleistung. Der hier gefundene Wert gibt die Anzahl der BkW an, die erforderlich sind, um den Leistungsfaktor auf cos $\varphi = 1$ zu

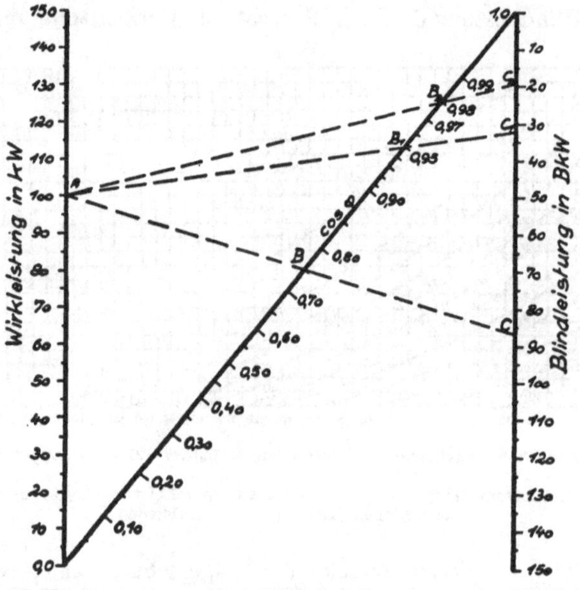

Abb. 87. Nomogramm zur überschläglichen Berechnung der Blindleistung eines Kondensators.

bringen. Soll nun z. B. in einer Anlage von cos $\varphi = 0{,}75$ auf cos $\varphi = 0{,}95$ kompensiert werden, so ist eine zweite Verbindungslinie durch den Punkt B_1 (cos $\varphi = 0{,}95$) zu ziehen. Der Wert C_1 gibt dann die zur Kompensation von cos $\varphi = 0{,}95$ auf 1 erforderliche Blindleistung an. Die Differenz von den beiden so ermittelten Werten ist die erforderliche Kondensatoren-BkW-Zahl, welche zur Verbesserung des cos φ von 0,75 auf 0,95 erforderlich ist.

Das Verfahren ist für die Praxis insofern nicht sehr zweckmäßig, als die erforderlichen Hilfslinien in jedem Falle erst selbst gezogen werden müssen, was ohne Frage einen Ungenauigkeitsfaktor darstellt. Weiter ist auch die gesuchte Kondensator-Blindleistung nicht direkt aus der Tafel zu entnehmen; es muß vielmehr erst die Differenz zwischen zwei ermittelten Blindleistungswerten gebildet werden.

4. **Das Diagramm der AEG, Berlin (Abb. 88),** gestattet die Ermittlung einer gesuchten Kondensator-Blind-

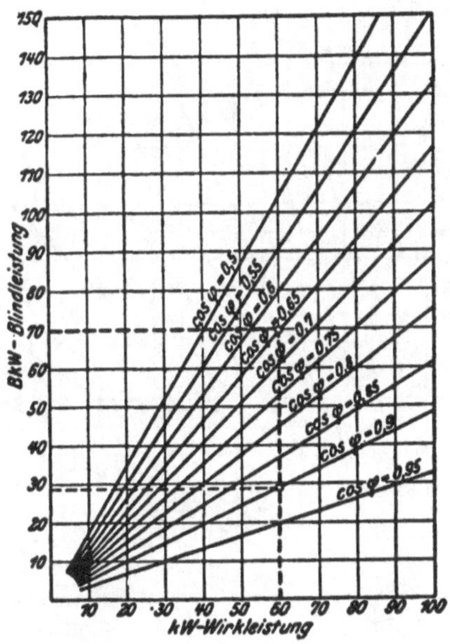

Abb. 88. Diagramm zur Ermittlung der Blindleistung aus der Wirkleistung und dem Leistungsfaktor.

leistung auf folgende Weise: Von der Wirkleistung ausgehend, verfolgt man die senkrechte Linie, bis sie den Strahl schneidet, welcher dem herrschenden cos φ entspricht. Diesen so ermittelten Punkt projiziert man auf die linke Vertikale und findet hier den Wert für die im Moment aufgenommene Blindleistung. Genau so verfährt man, um den Blindleistungswert zu ermitteln, welcher von der Anlage nach der Kompensation aufgenommen werden darf. Die Differenz ergibt dann die gesuchte Kondensator-Blindleistung.

Der Nachteil dieser an und für sich recht einfachen und klaren Methode ist der, daß auch hier stets erst die Differenz zwischen zwei Blindleistungswerten gebildet werden muß. Weiterhin ist das Diagramm auch nur für Wirkleistungen bis 100 kW verwendbar.

5. Das Diagramm der Firma Haefely, Basel (Abb. 89) entspricht im Prinzip dem vorgenannten. Es hat diesem gegenüber jedoch den Vorteil, daß für viele Zwischenwerte des

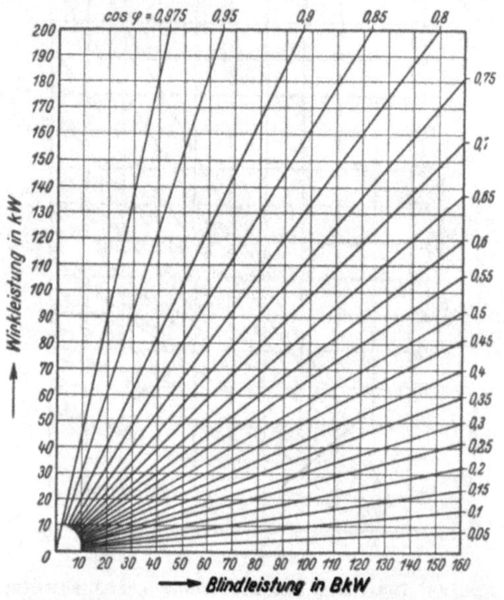

Abb. 89. Diagramm zur Ermittlung der Kondensatorblindleistung für eine Leistungsfaktorkorrektion.

cos φ Strahlen gezeichnet sind und daß es für Wirkleistungen bis 200 kW verwendbar ist.

Zur Feststellung der jeweils erforderlichen Blindleistung verfährt man folgendermaßen: Auf der vertikalen Achse am linken Rande sucht man den Punkt, welcher der Wirkleistung in Kilowatt entspricht. Von hier aus verfolgt man die Horizontale nach rechts, bis man die beiden Leistungsfaktorstrahlen (den bestehenden und den angestrebten cos φ) schneidet. Der Abstand der beiden so ermittelten Punkte gibt die Zahl der Blindkilowatt, also die Größe des Kondensators an.

Auch dieses Verfahren hat genau wie das zuletzt beschriebene den Nachteil, daß erst eine Differenz zwischen zwei Werten gebildet werden muß, welcher Umstand zu Irrtümern leicht Anlaß gibt. Weiterhin ist auch das Diagramm in seiner Reichweite hinsichtlich der Wirkleistung sowohl als auch des untersten Leistungsfaktorwertes begrenzt, so daß es also nicht für alle vorkommenden Fälle verwendet werden kann.

*

Zusammengefaßt ergibt sich, daß am zweckmäßigsten die Tabellen auf S. 81 u. 82 und die Kurventafel Abb. 86 benutzt werden, da hiermit praktisch die Lösung jeder Aufgabe schnell und genügend genau möglich ist.

*

Nicht so einfach wie die Ermittlung der jeweils erforderlichen „Kondensator“-Leistungen ist die Wahl der Größe „rotierender Phasenschieber“, so daß hier anzuraten ist, dies den Firmen zu überlassen, welche mit der Lieferung der Phasenkompensationseinrichtung betraut werden sollen.

L. Zusammenfassung.

Im Verlauf dieser Arbeit wurde gezeigt, wie die Phasenverschiebung entsteht, in welchen Erscheinungen sie sich äußert und welche Verluste sie bedingt. Weiter wurden Mittel und Wege zur Phasenkompensation beschrieben, sowie Vor- und Nachteil gegeneinander abgewogen. Es bliebe also zu untersuchen, in welchem Falle dieses oder jenes Mittel zur Phasenkompensation heranzuziehen ist, um die denkbar günstigsten Erfolge und größte Wirtschaftlichkeit zu erzielen.

Maßgebend für die Erwägung, ob und inwieweit die Phasenkompensation eines Netzes durchgeführt werden kann und muß, ist der für den Konsumenten geltende Stromtarif, insbesondere die mit dem Stromlieferanten getroffene Abmachung über die untere Grenze der zulässigen Phasenverschiebung. Die in dieser Hinsicht von den einzelnen Elektrizitätswerken gestellten Bedingungen sind nun sehr verschieden.

Während im Mittel als niedrigster Wert des Leistungsfaktors $\cos\varphi = 0{,}8$ festgesetzt ist, gehen einige Stromversorgungsunternehmen nur bis $\cos\varphi = 0{,}9$, andere jedoch bis $\cos\varphi = 0{,}7$. Zur Festsetzung dieser oder jener Grenze wurden die Elektrizitätswerke durch die — jeweils verschiedene — Eigenart ihres Betriebes, durch die Größe und Anzahl ihrer Stromabnehmer und durch noch andere bereits vorerwähnte Faktoren gezwungen.

Setzt sich z. B. das Gros der Stromverbraucher eines Elektrizitätswerkes aus kleinen Betrieben — wie Landwirtschaft und ähnliche Unternehmungen — mit vielen kleinen, meist sehr schlecht ausgenutzten Motoren zusammen, so ist wohl ohne weiteres einleuchtend, daß dadurch der Leistungsfaktor des Netzes einen sehr kleinen Wert annimmt. Dieser Umstand wirkt sich aber — wie bereits früher gezeigt —, für das Elektrizitätswerk in einer unnötig hohen erforderlichen Maschinenleistung aus. Will und kann nun ein Werk bei steigendem Konsum — um einen Spezialfall zu nennen —, eine Vergrößerung seiner Erzeugungsanlage nicht vornehmen, will es vielmehr diese entlasten, so muß eben eine Erhöhung des Leistungsfaktors im Netz vorgenommen werden, d. h., es wird die Verbesserung des $\cos\varphi$ von den einzelnen Konsumenten verlangt oder aber vom Elektrizitätswerk selbst in der Zentrale oder an einer geeigneten Stelle des Netzes vorgenommen.

Ein Zahlenbeispiel möge das hier Gesagte noch besser erläutern:

Bekanntlich setzt sich eine Stromversorgungsanlage aus der Generatoren- und Transformatorenanlage sowie aus der Übertragungsleitung zusammen. Eine solche Kraftstation habe z. B. einen Leistungsfaktor von $\cos\varphi = 0{,}6$, was ein sehr häufig vorkommender Wert ist, da im allgemeinen Drehstrommotoren mit einem $\cos\varphi$ von nur 0,4 bis 0,6 arbeiten, also meist nicht genügend ausgenutzt werden. Die von der Zentrale abgegebene Wirkleistung betrage 120 kW, womit die Transformatoren voll belastet sind. Ihre Gesamtleistung ist also:

$$N_s = \frac{N_w}{\cos\varphi} = \frac{120}{0{,}6} = \mathbf{200\ kVA.}$$

Wird jetzt durch einen Kondensator oder Phasenkompensator der Leistungsfaktor von 0,6 auf 0,85 kompensiert — wozu rund 85 BkW erforderlich sind —, so wird die erforderliche Gesamtleistung auf

$$N_{s1} = \frac{N_w}{\cos\varphi_1} = \frac{120}{0,85} = \text{ca. } \mathbf{140\,kVA}$$

herabgesetzt. Da aber Generator, Transformator und Übertragungsleitung für 200 kVA dimensioniert sind, bedeutet dies, daß mit derselben Einrichtung jetzt 200 — 140 = 60 kVA frei werden, also noch für andere Zwecke verfügbar sind. Rechnet man damit, daß diese an eine Anlage mit einem $\cos\varphi = 0,75$ geliefert werden, so kann man noch eine ungefähre Wirkleistung von 45 kW verkaufen, ohne daß eine Erweiterung der Stromversorgungsanlage erforderlich wäre. Kann diese Leistung während 3000 Stunden im Jahr ausgenutzt werden, so beläuft sich bei einem kW-Stundenpreis von 10 Pf. die durch die Kompensation dem Elektrizitätswerk entstehende Mehreinnahme auf $3000 \cdot 45 \cdot 0,10$ = RM. 13500 im Jahre.

Hieraus resultiert wohl ohne weiteres, daß die Stromversorgungsunternehmungen begründetes Interesse an der Innehaltung einer bestimmten unteren Grenze des Leistungsfaktors haben. Indessen machen hiervon etliche Elektrizitätswerke eine Ausnahme. Geschieht nämlich die Zuleitung des Stromes von einer vom Konsumenten sehr weit entfernt liegenden Kraftzentrale durch lange Kabelleitungen, so wirken diese als Kondensator und rufen eine voreilende Phasenverschiebung hervor, die so groß sein kann, daß eine Überkompensation eintritt. Diese wirkt dann — genau wie früher die behandelte nacheilende Verschiebung — stromvergrößernd und verursacht den Elektrizitätswerken bei länderüberquerenden Großkraftübertragungen ebenfalls viel Sorgen und Kosten. Die Überkompensation kann so bedeutend sein, daß nicht, wie wohl anzunehmen wäre, die gewöhnliche Blindleistung der angeschlossenen Verbraucher zu ihrer Beseitigung ausreicht, sondern noch besondere Phasenschieber — die dann aber kapazitive Blindleistung abgeben, bzw. induktive Blindleistung aufnehmen —, an passenden Stellen des Netzes eingebaut werden müssen.

In einem solchen Falle hat natürlich das betreffende Elektrizitätswerk kein direktes Interesse an der Festsetzung eines bestimmten Minimalwertes für den Leistungsfaktor der Verbraucheranlagen. — Leider kommen derartige Verhältnisse in der Praxis sehr selten vor.

Indessen genügen die — wie früher bereits gezeigt —, auch für die Konsumenten reichlich vorhandenen Nachteile bei Vorherrschen großer Phasenverschiebung im Netz, um auch ohne den von den Elektrizitätswerken gemeinhin ausgeübten Druck jeden Stromverbraucher an der Verbesserung des Leistungsfaktors seines Netzes zu interessieren.

Wie und mit welchen Mitteln soll nun aber die Phasenkompensation durchgeführt werden?

Nachstehende Zeilen mögen hierfür einige Richtlinien geben. Sie sollen jedoch keine unbedingt geltenden Regeln darstellen, da ja in jedem einzelnen Falle die Betriebsverhältnisse andere sind und nur bei genauester Untersuchung einer Anlage verbindliche Angaben gemacht werden können.

Prinzipiell ist zunächst zu unterscheiden zwischen neu zu erstellenden Anlagen, bei denen der Leistungsfaktor von vornherein eine bestimmte untere Grenze nicht unterschreiten soll, und alten vorhandenen Einrichtungen, deren bestehende mehr oder weniger große Phasenverschiebung auf einen bestimmten Wert vermindert werden soll.

Im ersteren Falle werden von vornherein an Stelle der normalen Drehstrommotoren zweckmäßig „kompensierte Asynchronmotoren“ zur Aufstellung gebracht. Diese Maschinengattung hat — wie früher gezeigt wurde —, alle Eigenschaften eines normalen Asynchronmotors, aber auch die einer Synchronmaschine, d. h. ein kompensierter Motor läuft unter voller Last an und stellt sich beim Lauf auf $\cos \varphi = 1$ ein. Da Preis und Platzbedarf nur um ein Geringes größer als bei normalen Drehstrommotoren sind, stellt diese Art der Leistungsfaktorverbesserung für Maschinen bis etwa 150 kW zweifellos die wirtschaftlichste Lösung dar.

Über diese Grenze hinaus wird in der Regel der Mehraufwand für die Kompensationseinrichtung der einzelnen Motoren durch die erzielte Stromersparnis bei dem herrschenden Blindstromtarif nicht mehr aufgewogen. Es ist deshalb dann in den meisten Fällen die Erzeugung der für die Anlage erforderlichen Blindleistung in einer besonderen Blindleistungsmaschine wirtschaftlicher.

Für Blindleistungen von ca. 150 BkW aufwärts bis zu etwa 6000 BkW werden nämlich leerlaufende übererregte Synchronmotoren sowohl in der Anschaffung billiger als auch in den Verlusten günstiger als überkompensierte oder leerlaufende kompensierte Asynchronmotoren. — Obgleich die Wartungs- und Betriebskosten dieser Maschinengattung nicht gering sind, haben sich Synchronmotoren zur Phasenkompensation in dem genannten Leistungsbereich sehr bewährt und wird diese Einrichtung auch in der Mehrzahl der Fälle angewandt.

Bei erforderlichen sehr großen Blindleistungen von ca. 6000 BkW aufwärts, wie sie besonders für direkten Anschluß an Hochspannung in Umspannwerken in Frage kommen, ist die Verwendung von „asynchronen" Blindleistungsmaschinen (Abb. 45 u. 90) gegenüber leerlaufenden Synchronmotoren zweckmäßiger, da diese den Synchronmaschinen gegenüber folgende Vorteile haben:

1. Bei auftretenden Kurzschlüssen im Netz ist der Stoßkurzschlußstrom bedeutend geringer als bei Synchronmotoren. Er beträgt nur etwa das 5- bis 6fache des Normalstromes und klingt bereits nach ca. 15 Perioden auf Null ab, während bei der letzteren Maschinenart

Abb. 90. Asynchrone Blindleistungsmaschine 10000 BkW, 10500 V, 1000 U/min. (Siemens-Schuckert, Berlin).

Stoßkurzschlußströme von etwa dem fünfzehnfachen Betrag des normalen Stromes auftreten, die dann nur auf den zwei- bis dreifachen Normalwert abklingen. — Ist also in einem Netz möglichste Begrenzung der Stoßkurzschlußströme Bedingung, so gibt dieses Moment allein schon den Ausschlag zur Wahl einer Asynchronmaschine.

2. Von noch größerer Bedeutung ist der Umstand, daß asynchrone Blindleistungsmaschinen nicht nur zur Abgabe von kapazitiver Blindleistung sondern auch zur Aufnahme induktiver Blindleistung in ganzer Höhe herangezogen werden können. Die Erzeugung nacheilender Blindleistung ist oft aus dem Grunde notwendig, weil Blindleistungsmaschinen derartiger Größe zur Konstanthaltung der Spannung am Ende langer Hochspannungsleitungen benutzt werden.

   Eine Hochvoltfernleitung stellt nämlich — wie bereits ausgeführt —, im Leerlauf einen Kondensator und bei Belastung einen induktiven Widerstand dar, bewirkt also im ersteren Falle eine voreilende, im zweiten Falle eine nacheilende Phasenverschiebung. Zur Kompensierung sind demnach im Leerlauf nacheilende und bei Belastung voreilende Blindströme erforderlich. In beiden Fällen kann hierfür ein und dieselbe Asynchronmaschine Verwendung finden.

Lautet die gestellte Aufgabe im Gegensatz zu der eingangs gemachten Ausführung jedoch so, daß der Leistungsfaktor einer „vorhandenen“ Anlage mit vielen kleinen Motoren verbessert werden soll, so ist hierfür der Kondensator das geeignete Mittel.

Er benötigt — wie bereits ausgeführt —, keine komplizierte Montage und besondere Wartung, ist vielmehr in einfachster Weise an jeden einzelnen zu kompensierenden Motor oder — in Batterien zusammengeschaltet —, an jedes Netz anzuschließen. Der Leistungsbereich ist nach dem heutigen Stande der Entwicklung praktisch fast unbegrenzt. Indessen wäre zu raten, Kondensatoren ohne weiteres vorläufig nur bis zu Einheiten von ca. 450 BkW anzuwenden. Über diese Grenze hinaus muß ein sehr genaues Studium der Betriebsverhältnisse der Aufstellung von größeren Kapazitäten als

Phasenkompensationsmittel vorangehen. Zwar liegen Versuchsergebnisse einzelner Firmen vor, die Kondensatorleistungen bis zu 3009 BkW bei Spannungen von 220 bis 16000 V umfassen (!). Jedoch läßtt sich ein abschließendes Urteil über die Zweckmäßigkei der Verwendung großer Kondensatoreneinheiten (200 bis 3000 BkW) zur Leistungsfaktorverbesserung heute noch nicht bilden, da die gemachten Erfahrungen mit Starkstromkondensatoren kaum 4 Jahre umfassen. — Auf alle Fälle muß anerkannt werden, daß bei Fortgang der Entwicklung in dem bisherigen Tempo das Ende, d. h. in diesem Falle die erreich- und beherrschbare Größe der Kondensatoren nicht annähernd vorausgeahnt werden kann.

Werden nochmals die für die Phasenkompensation zur Verfügung stehenden günstigsten Mittel in zweckmäßiger Staffelung zusammengefaßt, so ergibt sich:

Abb. 91. Elektrostatischer Hochspannungs-Drehstrom-Kondensator, 275 BkW, 10000 Volt, 50 Hertz. (Hirsch, Kupfer- und Messingwerke A.-G., Eberswalde).

Abb. 92. Starkstrom-Kondensatoren in einem Elektrizitätswerk eingebaut. (Sieverts, Schweden).

1. Weitgehendste Ausnutzung der in einem Netz arbeitenden Drehstrommotoren, da diese nur bei Vollast den günstigsten Leistungsfaktor haben. (Abb. 10).
2. Verwendung von kompensierten Motoren bis zu einer Leistung von 150 kW.
3. Für die Kompensierung geringer Blindleistungen bis ca. 150 BkW: Kondensatoren und Phasenkompensatoren (Drehstrom-Erregermaschinen).
4. Für Blindleistungen von 150 bis 450 BkW: Kondensatoren und Synchronmotoren.
5. Für Blindleistungen von 450 bis ca. 6000 BkW: Leerlaufende Synchronmotoren (Phasenschieber).
6. Für Blindleistungen von ca. 6000 BkW aufwärts: Asynchrone Blindleistungsmaschinen.

Die angegebenen Grenzwerte können nicht als absolut feststehend betrachtet werden. Vielmehr greifen die Leistungsbereiche ineinander über; diesen sind auch durch die stets fortschreitende technische Entwicklung weder nach oben noch unten Grenzen gesetzt.

*

Alles in allem ist also die Wahl des richtigen Phasenkompensationsmittels für den speziellen Fall nicht ganz einfach. Neben den technischen Momenten spielen stets auch die wirtschaftlichen eine ausschlaggebende Rolle, weil es ja darauf ankommt, daß die erzielten Ersparnisse an Blindstrom nicht zu teuer durch zu hohen Kapitaldienst und durch zu große Stromkosten für den Eigenverbrauch der Maschine sowie durch unverhältnismäßig hohe Betriebskosten erkauft werden. In jedem einzelnen Fall ist ein genaues Studium der Betriebs-

Abb. 93. Drehstrom-Kondensator 1000 BkW, 6300 Volt, 50 Hertz. (Sieverts, Schweden).

verhältnisse erforderlich, um die wirklich geeignete Art der Phasenkompensation zu ermitteln.

Somit wäre das Problem der Phasenverschiebung und ihrer Beseitigung wohl genügend erläutert, um auch den mit dieser Materie weniger vertrauten Kreisen ein einigermaßen klares Bild zu geben.

Der Zweck dieser Arbeit wäre auch besonders dann erfüllt, wenn die gemachten Ausführungen dazu beitragen würden,

Abb. 94. Drehstrom-Kondensator 350 BkW, 16000 V, $16\frac{2}{3}$ Hertz (Haefely, Basel).

die Erkenntnis durchzusetzen, daß die stets als unabwendbares Übel hingenommene Phasenverschiebung nicht absolut Verluste bedingen muß. Vielmehr kann in den weitaus meisten Fällen mit einem geringen Aufwand an Mühe und Kosten erreicht werden, daß nicht nur ihre schädlichen Auswirkungen behoben werden, sondern daß darüber hinaus noch ein direkter Gewinn entsteht, indem die Erscheinung der Phasenverschiebung als erziehender Faktor wirkt und dazu zwingt, das Augenmerk auf größte Ausnutzung aller Maschinen und damit auf Rationalisierung eines Unternehmens zu richten.

LITERATURNACHWEIS.

1. Elektrotechnische Zeitschrift, Verlag J. Springer, Berlin.
2. E. v. Rziha und J. Seidener, Starkstromtechnik, Verlag W. Ernst & Sohn, Berlin.
3. Siemens Zeitschrift, Berlin.
4. Nissel, Der Einfluß des cos φ auf die Tarifgestaltung der Elektrizitätswerke, Verlag J. Springer, Berlin.
5. Sachsenwerk-Mitteilungen, Niedersedlitz b. Dresden.
6. Hirsch-Wilking, Elektro-Ingenieur-Taschenbuch, Verlag Oscar Coblentz, Berlin.
7. Elektrotechnischer Anzeiger, Verlag Günther & Sohn, Berlin.
8. AEG, Hilfsbuch für elektrische Licht- und Kraftanlagen, Berlin.
9. BBC-Mitteilungen, Mannheim.
10. Die Elektroschweißung, Verlag Vieweg & Sohn, Braunschweig.
11. Der Elektromarkt, Vogel-Verlag, Pößneck.
12. Frank F. Fowle, Standard Handbook for Electrical Engineers. McGraw-Hill Book Company, New York u. London.
13. Fr. Brock, Gestehungskosten und Verkaufspreise elektrischer Arbeit. Verlag J. Springer, Berlin.

NAMEN- UND SACHREGISTER.

FSC
www.fsc.org
MIX
Papier | Fördert
gute Waldnutzung
FSC® C083411

Zeitfracht Medien GmbH
Ferdinand-Jühlke-Straße 7
99095 Erfurt, Deutschland
produktsicherheit@kolibri360.de